INTRODUÇÃO À REOLOGIA

Blucher

Edson José Soares

Lucas Henrique Pagoto Deoclecio

INTRODUÇÃO À REOLOGIA

Escoamento e caracterização de materiais complexos

Publicações ABCM
CIÊNCIA E ENGENHARIA

Introdução à reologia: escoamento e caracterização de materiais complexos

Editora Edgard Blücher Ltda.

Publisher Edgard Blücher
Editor Eduardo Blücher
Coordenador editorial Rafael Fulanetti
Coordenação de produção Andressa Lira
Produção editorial Mariana Naime
Diagramação Horizon Soluções Editoriais
Revisor técnico Roney Leon Thompson
Revisão de texto Gabriela Castro
Capa Laércio Flenic

Blucher

Rua Pedroso Alvarenga, 1245, 4° andar
CEP 04531-934 – São Paulo – SP – Brasil
Tel.: 55 11 3078-5366
contato@blucher.com.br
www.blucher.com.br

Segundo o Novo Acordo Ortográfico, conforme 6. ed. do *Vocabulário Ortográfico da Língua Portuguesa*, Academia Brasileira de Letras, julho de 2021.

Dados Internacionais de Catalogação na Publicação (CIP)
Angélica Ilacqua CRB-8/7057

Soares, Edson José
Introdução à reologia : escoamento e caracterização de materiais complexos / Edson José Soares, Lucas Henrique Pagoto Deoclecio. – São Paulo: Blucher, 2024.
224 p.

Bibliografia
ISBN 978-85-212-2163-0

1. Reologia I. Título II. Deoclecio, Lucas Henrique Pagoto

23-4925 CDD 532

Índice para catálogo sistemático:
1. Reologia

Os livros que levam o selo da Associação Brasileira de Engenharia e Ciências Mecânicas, ABCM, passaram por uma avaliação rigorosa.

Diversas pessoas foram importantes na minha carreira, mas duas delas precisam ser destacadas e para as duas dedico esta obra: minha querida mãe, Maria do Carmo de Almeida, que acreditava em mim mais do que eu mesmo, e minha amada esposa, Kellen Marra Leal, que sempre apoia minhas iniciativas científicas, o que torna os desafios mais fáceis de serem superados.

Edson José Soares

Dedico este livro à minha amada esposa, Letícia, minha companheira em todas as jornadas, que me inspira a ir além a cada dia. À minha querida filha, Beatriz, minha fonte de alegria diária, e aos meus pais, Rogério e Rosilene, que sempre me orientaram nos preceitos verdadeiros.

Lucas Henrique Pagoto Deoclecio

Prefácio

Os estudos de Física do Ensino Fundamental e Médio, e mesmo nos primeiros anos do Ensino Superior, investigam o movimento de corpos rígidos. Explica-se dessa forma a trajetória de uma partícula, de um projétil, de um corpo celeste. Um passo importante que extrapola esses conceitos é perceber que a matéria não é rígida.

A Reologia é, literalmente, o estudo do fluir. Para fluir, a matéria precisa se deformar. Para se deformar, é preciso submeter a matéria a forças. A relação de como a matéria se deforma com a aplicação de uma força é o tema central da Reologia. Como diferenciar a deformação da água da deformação de uma borracha ao aplicarmos a mesma força? Quais são as propriedades que devemos medir para caracterizar sua reação? Por que em uma mola precisamos medir sua rigidez e em um líquido medimos sua viscosidade?

Ao estudar a relação entre força e deformação em materiais complexos, a Reologia lança mão de conceitos extrapolados dos dois ícones do comportamento mecânico, a saber, o sólido hookeano (linearmente elástico) e o fluido newtoniano (linearmente viscoso). Nessa expansão de ideias pré-concebidas, encontramos materiais que podem se comportar como sólidos ou como fluidos dependendo do processo. Em muitos desses materiais, ingredientes como elasticidade, plasticidade e viscosidade estão todos juntos e misturados. Então, é preciso modelá-los!

A Reologia vem ganhando papel destacado em diversas indústrias, como a de cosméticos, alimentícia e de tintas. No contexto brasileiro, a importância do conhecimento de materiais complexos na indústria do petróleo vem sendo cada vez mais valorizada. Processos outrora modelados com hipóteses simplificadoras em relação ao comportamento dos materiais vem recebendo abordagens mais sofisticadas, na medida em que resultados mais eficientes vão sendo exigidos. Além de presentes nas mais diversas indústrias, o que já justificaria a significância do conhecimento de reologia, o entendimento desse campo permite uma busca de soluções otimizadas com a produção sintética de fluidos com propriedades pré-definidas.

Este livro pega o leitor pela mão e vaga por portas e salas da Reologia. Obviamente não cobre por completo esse vasto campo do conhecimento, mas produz no leitor um rio caudaloso, uma base sólida (e fluida) que lhe dá condições de navegar por outros afluentes no futuro, se assim desejar. As não linearidades e os novos fenômenos são inseridos aos poucos. Conceitos vão se sobrepondo com ilustrações de resultados numéricos e experimentais, muitas vezes obtidos por estudos conduzidos pelos próprios autores.

O fio da meada começa com os fundamentos do cálculo tensorial, ramo da matemática imprescindível para formatar a linguagem da descrição da cinemática e da dinâmica dos corpos deformáveis. Após percorrer o caminho sinuoso dos efeitos viscosos, elásticos, plásticos e suas interações, culmina com a Reometria, parte da reologia dedicada à condução das medições necessárias para a captura de propriedades. Esse último aspecto é fundamental, pois alicerça todo o conteúdo anterior com as conexões entre força e deformação.

O texto é uma ótima referência para cursos de Reologia e Fluidos Não Newtonianos, principalmente para a pós-graduação, mas pode ser usado também em matérias eletivas de graduação para alunos interessados. Professores que ministram essas disciplinas podem usar este livro como base e guia na condução de seus cursos. A leitura é fácil e fluida. O texto é didático e as ilustrações constituem um charme a parte. O livro também é recomendado para os autodidatas que queiram ingressar nessa área instigante do conhecimento.

Em suma, este livro fornece um conteúdo de excelente qualidade que facilitará a entrada de alunos e profissionais do ensino no maravilhoso mundo da Reologia.

Professor Roney Leon Thompson,
Departamento de Engenharia Mecânica da UFRJ

Conteúdo

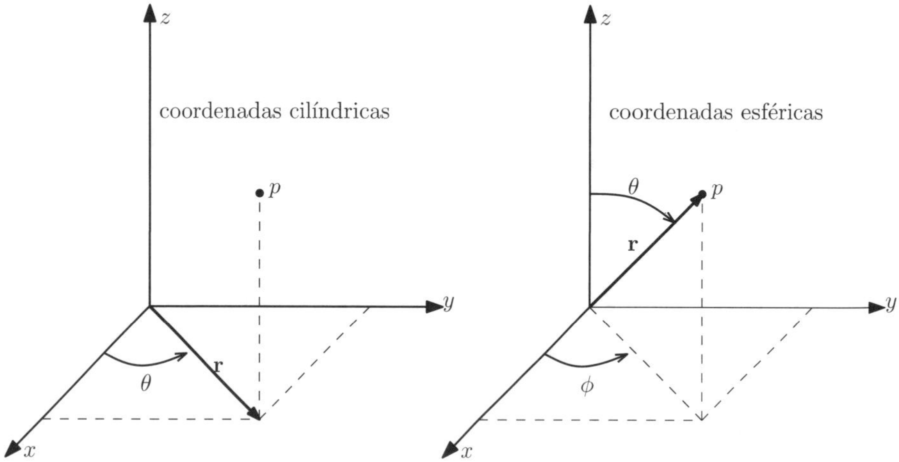

Figura 2.4 Sistemas de coordenadas cilíndricas e esféricas.

Tabela 2.1 ∇ em coordenadas retangular, cilíndrica e esférica.

Coordenadas	∇
xyz	$\mathbf{e}_x \frac{\partial}{\partial x} + \mathbf{e}_y \frac{\partial}{\partial y} + \mathbf{e}_z \frac{\partial}{\partial z}$
$r\theta z$	$\mathbf{e}_r \frac{\partial}{\partial r} + \mathbf{e}_\theta \frac{1}{r}\frac{\partial}{\partial \theta} + \mathbf{e}_z \frac{\partial}{\partial z}$
$r\theta\phi$	$\frac{\partial}{\partial r} + \frac{1}{r}\frac{\partial}{\partial \theta} + \frac{1}{r sen\theta}\frac{\partial}{\partial \phi}$

2.3.1 Gradiente

A aplicação simples do operador ∇ em uma variável qualquer (escalar ou vetorial) recebe o nome de gradiente da variável em questão. Seja, então, ϕ um escalar qualquer que depende de xyz, o gradiente de ϕ é dado pela equação Eq. (2.25):

$$\nabla = \mathbf{e}_x \frac{\partial \phi}{\partial x} + \mathbf{e}_y \frac{\partial \phi}{\partial y} + \mathbf{e}_z \frac{\partial \phi}{\partial z} \tag{2.25}$$

Mas qual é o significado geométrico de $\nabla\phi$? Se ϕ fosse alguma entidade física, a pergunta poderia ser: qual é o significado físico do $\nabla\phi$? Claramente, o gradiente de ϕ é um vetor, cujos componentes $\frac{\partial \phi}{\partial x}$, $\frac{\partial \phi}{\partial y}$ e $\frac{\partial \phi}{\partial z}$ medem, respectivamente, as variações de ϕ nas direções x, y, z. Então, o gradiente de uma entidade ϕ em um ponto específico deve estar, de alguma forma, relacionado com sua variação total naquele ponto. Para deixar isso claro, vamos escrever a variação total de ϕ, computada pela Eq. (2.26):

$$d\phi = \frac{\partial \phi}{\partial x}dx + \frac{\partial \phi}{\partial y}dy + \frac{\partial \phi}{\partial z}dz =$$
$$(\frac{\partial \phi}{\partial x}\mathbf{e}_x + \frac{\partial \phi}{\partial y}\mathbf{e}_y + \frac{\partial \phi}{\partial z}\mathbf{e}_z) \cdot (dx\mathbf{e}_x + dy\mathbf{e}_y + dz\mathbf{e}_z) =$$
$$\nabla\phi \cdot d\mathbf{r} \tag{2.26}$$

Onde $d\mathbf{r}$ é o vetor deslocamento infinitesimal. Portanto, a variação total de ϕ pode ser computada fazendo o produto escalar do gradiente de ϕ com a variação infinitesimal $d\mathbf{r}$. Se o deslocamento fosse exatamente na direção do gradiente de ϕ, o produto $\nabla\phi \cdot d\mathbf{r} = |\nabla\phi| dr \cos\theta$ seria máximo, uma vez que $cos(0) = 1$. Em outras palavras, a direção que aponta o $\nabla\phi$ é a de máximo crescimento da variável. Dessa forma, considerando um campo de ϕ, se traçarmos suas isolinhas, o $\nabla\phi$ é sempre perpendicular (Fig. 2.5).

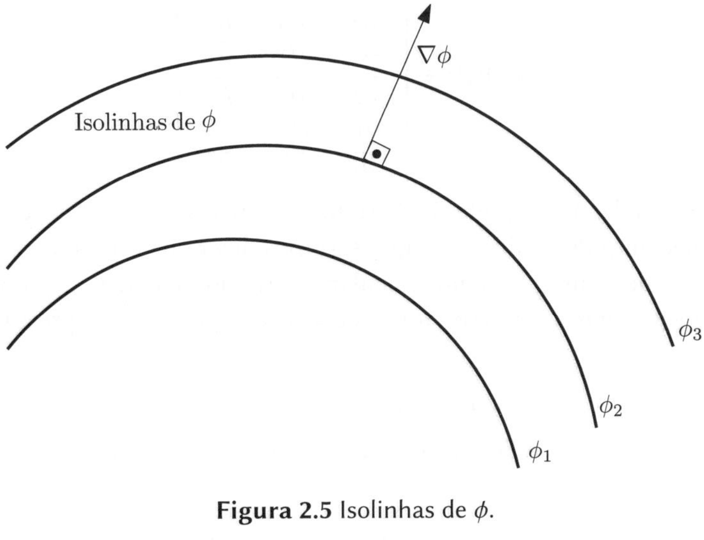

Figura 2.5 Isolinhas de ϕ.

O gradiente pode ser aplicado também a vetores; nesse caso, o resultado é um tensor de segunda ordem. Para examinar com cuidado o significado do gradiente de um vetor, vamos considerar o vetor velocidade, que, em coordenadas retangulares, é geralmente escrito conforme a equação Eq. (2.27):

Substituindo os dois últimos termos na Eq. (2.33), chega-se a:

$$\begin{aligned}\text{Fluxo}_{\psi}^{sai} &= \frac{\partial(\psi_{x,y}u_{x,y})}{\partial x}dxdydz + \frac{\partial(\psi_{x,y}v_{x,y})}{\partial v}dxdydz = \\ &\left(\frac{\partial(\psi_{x,y}u_{x,y})}{\partial x} + \frac{\partial(\psi_{x,y}v_{x,y})}{\partial v}\right)dV = \\ &\nabla \cdot (\psi \mathbf{u})dV\end{aligned}$$

Finalmente, conclui-se:

$$\frac{\text{Fluxo}_{\psi}^{sai}}{dV} = \nabla \cdot (\psi \mathbf{u}) \tag{2.34}$$

Enfim, o divergente de $\psi\mathbf{u}$ é o fluxo líquido da propriedade ψ que sai do volume de controle. Se esse número for positivo, significa que a quantidade de ψ que sai é maior do que a que entra, enquanto o número negativo diz o contrário.

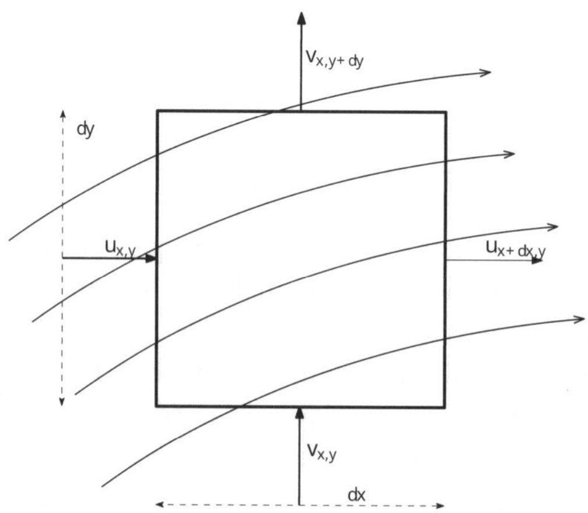

Figura 2.6 Fluxo através de um volume de controle infinitesimal.

O divergente também pode ser aplicado a um tensor. Nesse caso, o resultado é um vetor. Já é fácil notar aqui que o gradiente aumenta a ordem da entidade em operação, enquanto o divergente a reduz. A fim de familiarizar ainda mais o leitor com o operador divergente, vamos considerar o divergente de um tensor. Vamos usar o tensor das tensões $\mathbf{T}$, por ser uma grandeza bem intuitiva. Podemos, então, desenvolver a expressão do divergente de $\mathbf{T}$ com ajuda da notação indicial, como a seguir:

$$\nabla \cdot \mathbf{T} = \mathbf{e}_i \frac{\partial}{\partial x_i} \cdot (T_{jk}\mathbf{e}_j\mathbf{e}_k) = \frac{\partial}{\partial x_i}(T_{jk})\mathbf{e}_i \cdot \mathbf{e}_j\mathbf{e}_k = \frac{\partial}{\partial x_i}(T_{jk})\delta_{ij}\mathbf{e}_k =$$
$$\frac{\partial}{\partial x_i}(T_{ik})\mathbf{e}_k =$$
$$\left[\frac{\partial T_{xx}}{\partial x} + \frac{\partial T_{yx}}{\partial y} + \frac{\partial T_{zx}}{\partial z}\right]\mathbf{e}_x +$$
$$\left[\frac{\partial T_{xy}}{\partial x} + \frac{\partial T_{yy}}{\partial y} + \frac{\partial T_{zy}}{\partial z}\right]\mathbf{e}_y +$$
$$\left[\frac{\partial T_{xz}}{\partial x} + \frac{\partial T_{yz}}{\partial y} + \frac{\partial T_{zz}}{\partial z}\right]\mathbf{e}_z \qquad (2.35)$$

Finalmente, as três últimas linhas da Eq. (2.35), de cima para baixo, nos dá o balanço de força por unidade de volume nas direções x, y e z. Em outras palavras, $\nabla \cdot \mathbf{T}$ é a força líquida pontual por unidade de volume.

Ainda, de forma geral, o divergente de um tensor nos dá o fluxo líquido da entidade em questão em cada direção. Isso pode parecer óbvio, mas, em geral, os iniciantes em mecânica dos fluidos têm dificuldades em interpretar esses termos, mesmo que estejam sempre presentes nas equações fundamentais de conservação. Parece comum, até natural, perdermos cada vez mais a noção do simples à medida que enfrentamos o complexo. Portanto, parece-nos importante sempre revisitar os conceitos fundamentais.

2.3.3 Rotacional

O produto vetorial de ∇ com outro vetor qualquer recebe o nome de rotacional. Usando a Eq. (2.10), o produto $\nabla \times \mathbf{a}$ toma a forma da Eq. (2.36):

$$\nabla \times \mathbf{a} = \epsilon_{ijk}\frac{\partial a_j}{\partial x_i}\mathbf{e}_k =$$
$$\left(\frac{\partial a_z}{\partial y} - \frac{\partial a_y}{\partial z}\right)\mathbf{e}_x + \left(\frac{\partial a_x}{\partial z} - \frac{\partial a_z}{\partial x}\right)\mathbf{e}_y + \left(\frac{\partial a_y}{\partial x} - \frac{\partial a_x}{\partial y}\right)\mathbf{e}_z \qquad (2.36)$$

É importante notar aqui que é possível tirar o rotacional de um tensor ou fazer o produto vetorial de um tensor por outro, mas não discutiremos essas operações neste texto. Como qualquer produto vetorial entre vetores, o rotacional de **a** é um vetor, mas qual é seu significado físico ou geométrico? Na verdade, o termo *rotacional* está etimologicamente ligado a *rotação* e, portanto, sugere uma relação com giro. Para verificar isso, vamos analisar a rotação, em torno do eixo z, de um elemento material, representado na Fig. 2.7.

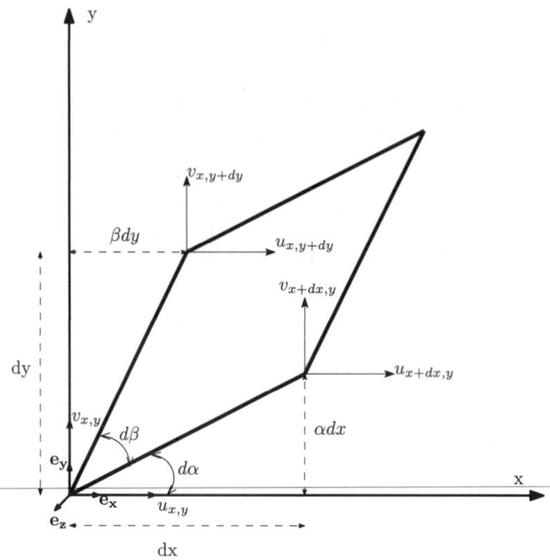

Figura 2.7 Rotação de um elemento material em torno do eixo z.

O componente na direção z da velocidade angular ω_z de um elemento material é a média simples entre as variações temporais dos ângulos entre o elemento e os eixos coordenados, como definido pela Eq. (2.37):

$$\omega_z = \frac{1}{2}\left(\frac{d\alpha}{dt} - \frac{d\beta}{dt}\right) \tag{2.37}$$

O sinal negativo indica que o lado l_1 do elemento gira no sentido anti-horário e o lado l_2 no sentido horário. Precisamos agora escrever a velocidade angular em termos dos componentes de velocidade. Segue, então, que:

$$d\alpha dx = dvdt = (v_{x+dx,y} - v_{x,y})dt = \frac{\partial v}{\partial x}dxdt$$

$$d\beta dy = dvdt = (u_{x,y+dy} - u_{x,y})dt = \frac{\partial u}{\partial y}dydt$$

$$d\alpha = \frac{\partial v}{\partial x}dt;\, d\beta = \frac{\partial u}{\partial y}dt$$

Substituindo $d\alpha$ e $d\beta$ na Eq. (2.37), conclui-se que:

$$\omega_z = \frac{1}{2}\left(\frac{\partial v}{\partial x} - \frac{\partial u}{\partial y}\right) \tag{2.38}$$

Generalizando, chega-se a:

$$\omega = \omega_x \mathbf{e}_x + \omega_y \mathbf{e}_y + \omega_z \mathbf{e}_z =$$
$$\frac{1}{2}\left(\frac{\partial w}{\partial y} - \frac{\partial v}{\partial z}\right)\mathbf{e}_x + \frac{1}{2}\left(\frac{\partial u}{\partial z} - \frac{\partial w}{\partial x}\right)\mathbf{e}_y + \frac{1}{2}\left(\frac{\partial v}{\partial x} - \frac{\partial u}{\partial y}\right)\mathbf{e}_z \tag{2.39}$$

Comparando a Eq. (2.39) com a Eq. (2.36), conclui-se que:

$$\omega = \frac{1}{2}\nabla \times \mathbf{u} \tag{2.40}$$

Portanto, o rotacional do vetor velocidade, a menos do termo $\frac{1}{2}$, é a velocidade angular. Enfim, como o próprio nome sugere, o *rotacional* de qualquer vetor é a medida de seu giro em torno dos eixos coordenados.

2.4 TEOREMA DA DIVERGÊNCIA

Ao desenvolver as equações de conservação, é muito comum a necessidade de trocar os limites de integração de determinada variável. É frequente precisar obter por meio de uma análise na superfície de um volume qualquer aquilo que era computado em todo volume. Em outras palavras, é preciso trocar uma integral de volume por uma de superfície, ou vice-versa. A operação que faz essa transformação é chamada de *Teorema de Gauss*[4] ou *Teorema da Divergência*, representada na Eq. (2.41):

$$\int_V \nabla \cdot \mathbf{A} dV = \int_S \mathbf{n} \cdot \mathbf{A} dS \tag{2.41}$$

A leitura da Eq. (2.41) é simples se tomarmos a Eq. (2.34) como base, na qual o divergente de um vetor ou tensor é seu fluxo líquido através de um volume infinitesimal. Integrado no volume, o que se tem é o fluxo líquido total da variável no domínio analisado. O lado direito da Eq. (2.41) mede diretamente o fluxo de **A** através da superfície, uma vez que $\mathbf{n} \cdot \mathbf{A}dS$ é a parcela do vetor ou tensor que atravessa a área infinitesimal dS (Fig. 2.8).

[4] Johann Carl Friedrich Gauss, abril de 1777 a fevereiro de 1855, matemático, astrônomo e físico alemão.

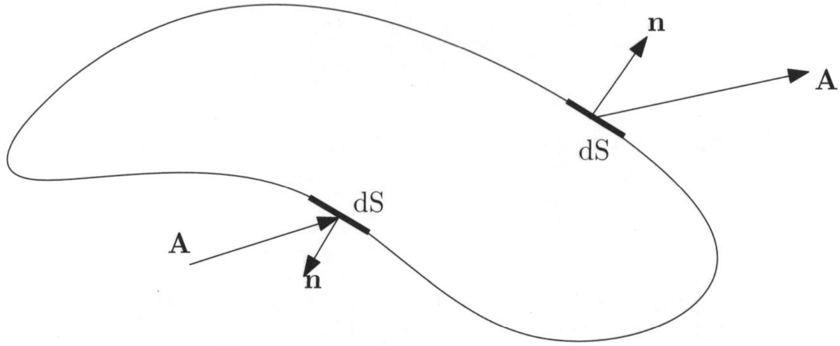

Figura 2.8 Fluxo de **A** através de uma superfície de controle.

2.5 TEOREMA DE STOKES

Outra operação de transformação de limites de integração, menos frequente em mecânica dos fluidos, mas ainda muito comum, é o *Teorema de Stokes*,[5] Eq. (2.42), em que uma integral na superfície S é reescrita como uma integral de linha:

$$\int_S \nabla \times \mathbf{a} \cdot \mathbf{n} dS = \int_l \mathbf{a} \cdot \mathbf{t} dC \tag{2.42}$$

O lado direito da Eq. (2.42) mede explicitamente a circulação do vetor **a** na curva C (Fig. 2.9). Claramente, a circulação de **a** está associada à sua velocidade angular, ou seja, ao seu rotacional, do lado esquerdo da equação.

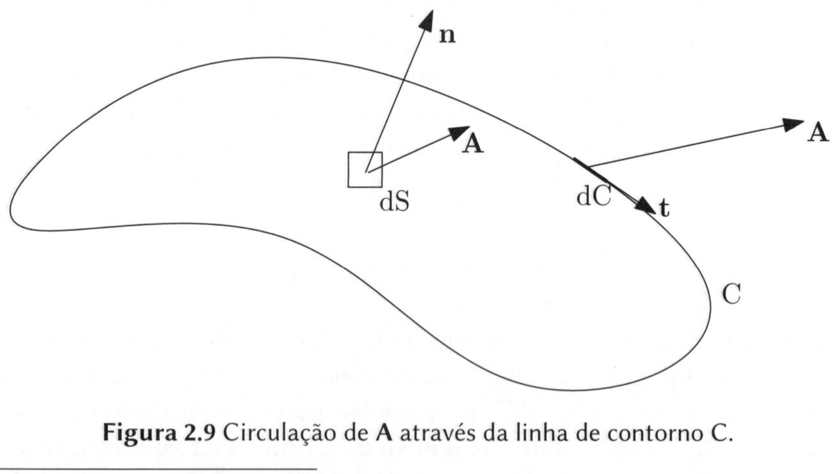

Figura 2.9 Circulação de **A** através da linha de contorno C.

[5] George Gabriel Stokes, agosto de 1819 a fevereiro de 1903, matemático e físico irlandês.

EXERCÍCIOS PROPOSTOS

2.1 Desenvolva a expressão quando possível:

(a) $a_m b_m$

(b) $a_k b_k c_k$

(c) $y_j = C_{ij}\xi_i$

(d) $Z_j = C_{ij}C_{ik}y_k$

(e) δ_{ii}

(f) $a_r b_r = C_{mn}$

(g) $\dfrac{\partial \xi_i}{\partial x_i}$

(h) $\dfrac{\partial \xi_i}{\partial x_j}$

2.2 Complete o símbolo que falta:

(a) $a_i b_j = C_{\square\square}$

(b) $a_m b_{nm} + C_k d_{k\square}$

(c) $B_{ij} = C_{mi}C_{nj}A_{m\square}$

2.3 Demonstre as seguintes identidades:

(a) $\delta_{ij}\delta_{ij} = 3$

(b) $\epsilon_{iks}\epsilon_{mks} = 2\delta_{im}$

(c) $\epsilon_{ijk}\epsilon_{ijk} = 6$

2.4 Simplifique as expressões quando for possível:

(a) $\delta_{ii}\delta_{ii}$

(b) $\delta_{ii}\delta_{ij}$

(c) $\delta_{ii}\delta_{jj}$

(d) $\delta_{ij}\delta_{ji}$

(e) $\delta_{ij}\delta_{ik}$

(f) $\delta_{ik}W_{km}$

(g) $\delta_{jk}W_{jk}$

CAPÍTULO 3

Equações de conservação

Neste capítulo, deriva-se o tensor taxa de deformação $\dot{\gamma}$ a partir da definição do gradiente de deformação **F**. Em seguida, deduz-se o teorema dos transportes de Reynolds, antes de se chegar à equação da continuidade (conservação da massa) e à equação de Cauchy (conservação da quantidade de movimento), para um referencial euleriano,[6] de volume de controle. As equações desenvolvidas aqui são válidas para qualquer material, desde que respeitada a hipótese do contínuo.

3.1 O GRADIENTE DE DEFORMAÇÃO F

Um corpo não rígido submetido a um campo de tensões não isotrópicas obviamente se deforma. A entidade que guarda as informações de deformação, relativas a uma configuração inicial, é comumente chamada de *Gradiente de deformação*, aqui representado pela letra **F**. A Fig. 3.1 mostra um corpo material em sua configuração inicial, ou de referência, XYZ e sua transformação para a configuração atual xyz. As coordenadas do elemento na sua configuração atual podem ser mapeadas por meio de uma função, representada na figura por F.

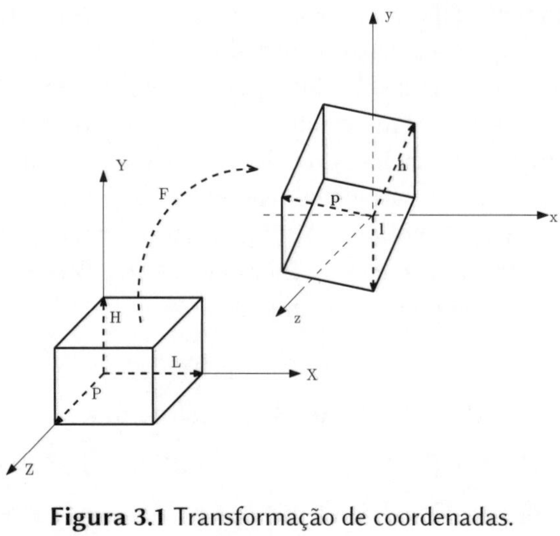

Figura 3.1 Transformação de coordenadas.

[6] Referente a Leonhard Paul Euler, abril de 1707 a setembro de 1783, matemático e físico suíço.

De modo geral, se considerarmos $x = x(X, Y, Z)$, $y = y(X, Y, Z)$ e $z = z(X, Y, Z)$, podemos escrever o diferencial total das coordenadas atuais como:

$$
\begin{aligned}
dx &= \frac{\partial x}{\partial X}dX + \frac{\partial x}{\partial Y}dY + \frac{\partial x}{\partial Z}dZ \\
dy &= \frac{\partial y}{\partial X}dX + \frac{\partial y}{\partial Y}dY + \frac{\partial y}{\partial Z}dZ \\
dx &= \frac{\partial z}{\partial X}dX + \frac{\partial z}{\partial Y}dY + \frac{\partial z}{\partial Z}dZ
\end{aligned}
\tag{3.1}
$$

Em notação matricial, podemos reescrever a Eq. (3.1) como:

$$
\begin{bmatrix} dx \\ dy \\ dz \end{bmatrix} = \begin{bmatrix} \frac{\partial x}{\partial X} & \frac{\partial x}{\partial Y} & \frac{\partial x}{\partial Z} \\ \frac{\partial y}{\partial X} & \frac{\partial y}{\partial Y} & \frac{\partial y}{\partial Z} \\ \frac{\partial z}{\partial X} & \frac{\partial z}{\partial Y} & \frac{\partial z}{\partial Z} \end{bmatrix} \begin{bmatrix} dX \\ dY \\ dZ \end{bmatrix}
\tag{3.2}
$$

Em notação vetorial, escreve-se:

$$
d\mathbf{x} = \mathbf{F} \cdot d\mathbf{X} = F_{ij} dX_j \mathbf{e}_i
\tag{3.3}
$$

F é o tensor gradiente de deformação. Essa entidade não é só importante porque computa a deformação de um material em relação ao seu estado inicial, que é essencial para o desenvolvimento das equações constitutivas dos materiais, mas também porque faz o mapeamento entre coordenadas. De fato, para o desenvolvimento das equações de conservação, com certa robustez matemática, a ideia de transformação de coordenadas é essencial, pois é muito útil relacionar o volume do elemento material no estado atual xyz com seu respectivo valor no estado de referência XYZ. Então, vamos considerar os vetores **l**, **h** e **p** que formam o volume dV_{xyz} no estado atual e guardam relação direta com os vetores **L**, **H** e **P** do estado de referência, de volume dV_{XYZ}. O volume elementar do estado atual pode ser computado pela Eq. (3.4):

$$
\begin{aligned}
dV_{xyz} &= (\mathbf{l} \times \mathbf{p}) \cdot \mathbf{h} = \epsilon_{ijk} l_i h_j p_k = \\
& l_x(h_y p_z - h_z p_y) + p_x(l_y h_z - l_z h_y) + h_x(l_z p_y - l_y p_z)
\end{aligned}
\tag{3.4}
$$

Agora, para fazer surgir o volume do elemento no domínio de referência, precisamos escrever as coordenadas dos vetores **l**, **h** e **p** em função das coordenadas de XYZ. Isso é obtido através do gradiente de deformação **F**, da seguinte forma:

$$\begin{bmatrix} l_x \\ l_y \\ l_z \end{bmatrix} = \begin{bmatrix} F_{11} & F_{12} & F_{13} \\ F_{21} & F_{22} & F_{23} \\ F_{31} & F_{32} & F_{33} \end{bmatrix} \begin{bmatrix} L \\ 0 \\ 0 \end{bmatrix}$$

$$\begin{bmatrix} h_x \\ h_y \\ h_z \end{bmatrix} = \begin{bmatrix} F_{11} & F_{12} & F_{13} \\ F_{21} & F_{22} & F_{23} \\ F_{31} & F_{32} & F_{33} \end{bmatrix} \begin{bmatrix} 0 \\ H \\ 0 \end{bmatrix}$$

$$\begin{bmatrix} p_x \\ p_y \\ p_z \end{bmatrix} = \begin{bmatrix} F_{11} & F_{12} & F_{13} \\ F_{21} & F_{22} & F_{23} \\ F_{31} & F_{32} & F_{33} \end{bmatrix} \begin{bmatrix} 0 \\ 0 \\ P \end{bmatrix}$$

Fazendo as operações, encontra-se $l_x = F_{11}L$; $l_y = F_{21}L$; $l_z = F_{31}L$; $h_x = F_{12}H$; $h_y = F_{22}H$; $h_z = F_{32}H$; $p_x = F_{13}P$; $p_y = F_{23}P$; $p_z = F_{33}P$. Substituindo os termos na Eq. (3.4), chega-se a:

$$\begin{aligned} dV_{xyz} = LHP(&F_{11}F_{22}F_{33} + F_{11}F_{31}F_{23} + F_{13}F_{21}F_{32} - \\ &F_{11}F_{32}F_{23} - F_{13}F_{31}F_{22} + F_{12}F_{21}F_{33}) \end{aligned} \tag{3.5}$$

Finalmente, conclui-se que:

$$dV_{xyz} = |\mathbf{F}| dV_{XYZ} \tag{3.6}$$

Onde $|\mathbf{F}|$, os termos entre parênteses na Eq. (3.5), é o determinante de $\mathbf{F}$, matriz de coeficientes do gradiente de deformação. $|\mathbf{F}|$ é também conhecido como Jacobiano de transformação de coordenadas.

3.1.1 Tensor taxa de deformação

O tensor gradiente de deformação computa cocomitantemente deformações, esticamento e cisalhamento e rotação do elemento material. Como modelos constitutivos são independentes de referencial, é essencial remover a rotação do tensor. Feito isso, pode-se avaliar a taxa de deformação, fundamental para a descrição das equações de escoamento.

Em termos de deformação e rotação, **F** pode ser escrito da seguinte forma:

$$\mathbf{F} = \mathbf{V} \cdot \mathbf{R} \tag{3.7}$$

Onde **V** e **R** são, respectivamente, o tensor deformação e a rotação de um elemento material. A taxa de deformação é, portanto, obtida derivando a Eq. (3.7) com relação ao tempo:

$$\dot{\mathbf{F}} = \dot{\mathbf{V}}\mathbf{R} + \mathbf{V}\dot{\mathbf{R}} \tag{3.8}$$

Onde $\dot{\mathbf{F}} = \frac{d\mathbf{F}}{dt}$, $\dot{\mathbf{V}} = \frac{d\mathbf{V}}{dt}$ e $\dot{\mathbf{R}} = \frac{d\mathbf{R}}{dt}$. Podemos escrever os componentes de $\dot{\mathbf{F}}$ da seguinte maneira:

$$\dot{F}_{ij} = \frac{dF_{ij}}{dt} = \frac{d}{dt}\left(\frac{\partial x_i}{\partial X_j}\right) = \frac{\partial u_i}{\partial X_j} = (\nabla \mathbf{u})^X_{ij} = L^X_{ij} \tag{3.9}$$

Aqui, $L^X_{ij} = (\nabla \mathbf{u})^X_{ij}$ é o gradiente de velocidades, mas em relação ao sistema de referência XYZ. É útil interpretar o $\dot{\mathbf{F}}$ em termos do gradiente de velocidades com relação ao sistema atual xyz. Então, vamos considerar, por simplicidade, um escoamento bidimensional $u\,(x(X,Y), y(X,Y))$ e $v\,(x(X,Y), y(X,Y))$ e escrever, usando a regra da cadeia, as seguintes relações:

$$\begin{aligned}
\frac{\partial u}{\partial X} &= \frac{\partial u}{\partial x}\frac{\partial x}{\partial X} + \frac{\partial u}{\partial y}\frac{\partial y}{\partial X} \\
\frac{\partial u}{\partial Y} &= \frac{\partial u}{\partial x}\frac{\partial x}{\partial Y} + \frac{\partial u}{\partial y}\frac{\partial y}{\partial Y} \\
\frac{\partial v}{\partial X} &= \frac{\partial v}{\partial x}\frac{\partial x}{\partial X} + \frac{\partial v}{\partial y}\frac{\partial y}{\partial X} \\
\frac{\partial v}{\partial Y} &= \frac{\partial v}{\partial x}\frac{\partial x}{\partial Y} + \frac{\partial v}{\partial y}\frac{\partial y}{\partial Y}
\end{aligned} \tag{3.10}$$

Logo, a Eq. (3.10) pode ser reagrupada e escrita em notação matricial:

$$\begin{bmatrix} \frac{\partial u}{\partial X} & \frac{\partial v}{\partial X} \\ \frac{\partial u}{\partial Y} & \frac{\partial v}{\partial Y} \end{bmatrix} = \begin{bmatrix} \frac{\partial x}{\partial X} & \frac{\partial y}{\partial X} \\ \frac{\partial x}{\partial Y} & \frac{\partial y}{\partial Y} \end{bmatrix} \begin{bmatrix} \frac{\partial u}{\partial x} & \frac{\partial v}{\partial x} \\ \frac{\partial u}{\partial y} & \frac{\partial v}{\partial y} \end{bmatrix} \tag{3.11}$$

Portanto, conclui-se que:

$$\dot{F} = \mathbf{F} \cdot (\mathbf{L}^x)^T \tag{3.12}$$

Onde $(\mathbf{L}^x)^T$ é o transposto do tensor gradiente de velocidades em relação ao sistema xyz. A diferença entre a taxa de variação com o tempo do gradiente de deformação $\mathbf{F}$ e a do transposto do gradiente de velocidades está no fato de o primeiro ser composto de variações dos componentes de velocidade em relação ao sistema de referência, em um instante inicial. Se o intervalo de tempo entre o presente e o instante inicial for mínimo, os dois sistemas tendem à mesma posição no espaço. Desta forma, não há deformação material entre a referência e o presente e conclui-se que $\mathbf{F} = \mathbf{I}$. Então, pode-se escrever que:

$$\lim_{\delta t \to 0} \mathbf{x} = \mathbf{X} \Rightarrow \mathbf{V(t)} = \mathbf{R(t)} = \mathbf{I} \tag{3.13}$$

A Eq. (3.8) pode, então, ser reescrita como:

$$\dot{\mathbf{F}} = \mathbf{L}^T = \dot{\mathbf{V}} + \dot{\mathbf{R}} \tag{3.14}$$

E de forma similar:

$$\mathbf{L} = \dot{\mathbf{V}}^T + \dot{\mathbf{R}}^T \tag{3.15}$$

O tensor $2\dot{\mathbf{V}}$ é geralmente chamado de *Tensor taxa de deformação* $\dot{\boldsymbol{\gamma}}$, que é necessariamente simétrico. O tensor $\dot{\mathbf{R}}$, por outro lado, é anti-simétrico. Ou seja, $\dot{\gamma}_{ij} = \dot{\gamma}_{ji}$ e $\dot{R}_{ij} = -\dot{R}_{ji}$. Assim, somando as Eqs. (3.14) e (3.15), finalmente, chega-se a:

$$\dot{\boldsymbol{\gamma}} = \mathbf{L} + \mathbf{L}^T = \nabla\mathbf{u} + \nabla\mathbf{u}^T \tag{3.16}$$

Agora, subtraindo a Eq. (3.14) da Eq. (3.15), chega-se ao chamado *Tensor Vorticidade*, Ω:

$$\boldsymbol{\Omega} = \mathbf{L} - \mathbf{L}^T = \nabla\mathbf{u} - \nabla\mathbf{u}^T \tag{3.17}$$

3.1.2 Intensidade da taxa de deformação

Assim como é importante saber o efeito global de uma tensão em um ponto, é essencial computar o efeito global da taxa de deformação de determinado elemento em um ponto qualquer. A viscosidade de um fluido não newtoniano, por exemplo, é frequentemente função da intensidade de $\dot{\boldsymbol{\gamma}}$, representada na Eq. (3.18), que se calcula como na Eq. (2.21).

Voltando à Eq. (3.24), chega-se, finalmente, à Eq. (3.29):

$$\frac{d\Phi}{dt} = \frac{d}{dt}\int_V \rho\phi dV = \int_{V(t)} \left[\frac{d(\rho\phi)}{dt} + \rho\phi\nabla\cdot\mathbf{u}\right] dV \qquad (3.29)$$

Este é o chamado *Teorema dos transportes de Reynolds.* Também podemos escrever a Eq. (3.29) na forma da Eq. (3.30):

$$\frac{d\Phi}{dt} = \frac{d}{dt}\int_V \rho\phi dV = \int_{V(t)} \left[\frac{\partial(\rho\phi)}{\partial t} + \nabla\cdot(\rho\phi\mathbf{u})\right] dV \qquad (3.30)$$

A Eq. (3.29) transforma uma derivada total de uma variável extensiva, do lado esquerdo da equação, em uma forma equivalente que considera a dependência da variável com o espaço, do lado direito. Pode-se dizer também que o teorema é uma relação entre a abordagem lagrangeana de sistema com a abordagem euleriana de volume de controle. A primeira é mais conveniente quando o corpo em análise pode ser acompanhado ao longo do tempo sem grande esforço, como é o caso do deslocamento de corpos rígidos. A segunda abordagem é mais conveniente quando o acompanhamento do corpo material se torna difícil, por exemplo com materiais que se deformam continuamente, e o estabelecimento de um volume de controle parece mais razoável.

Depois de toda discussão anterior, fica fácil traduzir em palavras o *Teorema dos transportes de Reynolds* e enunciar: "a variação total de uma propriedade ϕ dentro de um volume de controle qualquer é igual à soma de sua variação parcial com o tempo mais seu fluxo líquido através do mesmo volume."

3.3 EQUAÇÃO DA CONTINUIDADE

Talvez o princípio mais básico da mecânica dos fluidos seja o da conservação da massa ou da continuidade. Se as velocidades envolvidas estão bem inferiores à da luz, casos que são tratados pela mecânica clássica, a massa se conserva. Assim, considerando um volume material (Fig. 3.2) fixo ou em movimento, o princípio da conservação da massa é traduzido pela Eq. (3.31):

$$\frac{dM}{dt} = \frac{d}{dt}\int_{V(t)} \rho dV = 0 \qquad (3.31)$$

M é massa total do corpo. Se a massa se conserva, ou, em outras palavras, não se transforma em energia, sua variação total com o tempo é zero. A Eq. (3.31) é a representação da continuidade em um sistema de controle. O que mais nos interessa é escrever a conservação da massa com relação a um volume de controle. Isso pode ser obtido facilmente usando a Eq. (3.29), o *Teorema dos Transportes de Reynolds*. Fazendo uma analogia com a Eq. (3.29), no caso particular da conservação da massa, $\Phi = M$, $\phi = 1$ e a Eq. (3.31) pode ser reescrita como:

$$\frac{dM}{dt} = \frac{d}{dt}\int_V (t)\rho dV = \int_{V(t)} \left[\frac{d(\rho)}{dt} + \rho\nabla \cdot \mathbf{u}\right] dV = 0 \tag{3.32}$$

Como o volume $V(t)$ é qualquer, o termo entre colchetes da Eq. (3.32) é nulo. Assim, a conservação da massa para um volume de controle infinitesimal ganha a forma da Eq. (3.33):

$$\frac{d\rho}{dt} + \rho\nabla \cdot \mathbf{u} = 0 \tag{3.33}$$

Neste momento, é interessante discutirmos um pouco o conceito de incompressibilidade. O que significa, do ponto de vista da continuidade, ser incompressível? Parece óbvio, mas não é raro, sobretudo entre os iniciantes em mecânica dos fluidos, confundir o conceito com o caso, extremamente particular, em que ρ é constante. As duas coisas não são necessariamente equivalentes. De fato, se a massa específica é constante, o fluido é incompressível no escoamento, mas a recíproca não é sempre verdadeira. Então, vamos examinar a questão com um pouco mais de cuidado.

Como a própria palavra já sugere, ser *incompressível* significa não se comprimir, ou se expandir ao longo do escoamento. Objetivamente, $dV_{xyz} = dV_{XYZ}$, ou seja, um elemento material no tempo atual tem o mesmo volume que tinha em sua configuração de referência. Isso significa, voltando à Eq. (3.6), que $|\mathbf{F}| = 1$ sempre. Portanto, $d|\mathbf{F}|/dt = 0$ e, pela Eq. (3.28), conclui-se que $\nabla \cdot \mathbf{u} = 0$. Então, ser incompressível — o mesmo que manter o volume constante — impõe que o divergente da velocidade seja nulo. Agora, com a equação da continuidade Eq. (3.33), conclui-se que $d\rho/dt = 0$, e simplesmente isso. Não significa, entretanto, que ρ seja constante! Para ficar mais claro, vamos separar a derivada total de $\rho(x, y, z, t)$ entre seus componentes espaciais e temporal, na forma da Eq. (3.34):

$$\frac{d\rho}{dt} = \frac{\partial\rho}{\partial x}\frac{dx}{dt} + \frac{\partial\rho}{\partial y}\frac{dy}{dt} + \frac{\partial\rho}{\partial z}\frac{dz}{dt} + \frac{\partial\rho}{\partial t} \tag{3.34}$$

Sabendo que $dx/dt = u$, $dy/dt = v$ e $dz/dt = w$, chega-se a:

$$\frac{d\rho}{dt} = \frac{\partial\rho}{\partial x}u + \frac{\partial\rho}{\partial y}v + \frac{\partial\rho}{\partial z}w + \frac{\partial\rho}{\partial t} = \mathbf{u} \cdot \nabla\rho + \frac{\partial\rho}{\partial t} \tag{3.35}$$

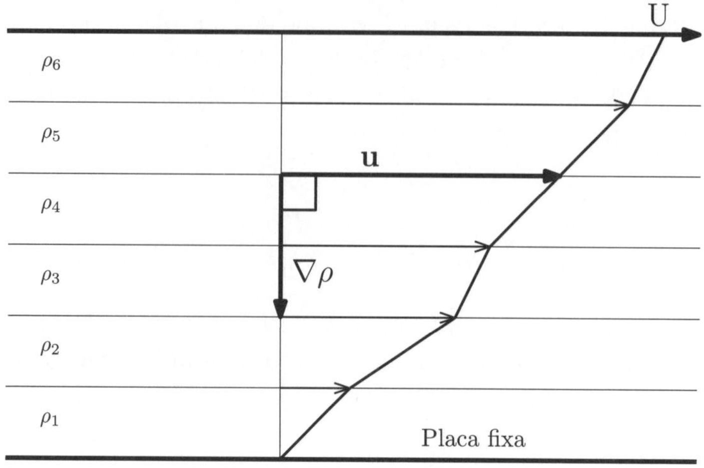

Figura 3.3 Escoamento de Couette de múltiplas camadas de fluido.

Portanto, para $d\rho/dt$ ser zero, em um caso que ele não varia com o tempo, basta que $\mathbf{u}$ seja ortogonal ao $\nabla\rho$. Em outras palavras, ρ pode variar com o espaço, mas, se seu gradiente for perpendicular à velocidade, o volume de cada elemento material permanecerá constante, e isso significa ser incompressível, como no escoamento ilustrado na Fig. 3.3. Essa figura retrata um escoamento de Couette e múltiplas camadas de fluido com diferentes massas específicas ($\rho_1 > \rho_2 > \rho_3.... > \rho_6$). A placa inferior permanece parada, enquanto a superior se move com velocidade constante U. Nesse escoamento, $v = w = 0$, e u varia linearmente com y por partes. Assim, o vetor $\mathbf{u}$ tem sentido $\mathbf{e}_x$ e o gradiente de ρ sentido $-\mathbf{e}_y$, portanto, ortogonais, e $\mathbf{u} \cdot \nabla\rho = 0$.

A Eq. (3.35) pode ser introduzida na Eq. (3.33) para chegar à Eq. (3.36):

$$\frac{\partial\rho}{\partial t} + \nabla \cdot (\rho\,\mathbf{u}) = 0 \tag{3.36}$$

Com ajuda da Tab. 2.1, podemos escrever a Eq. (3.36) em coordenadas retangulares, cilíndricas e esféricas:

- Retangulares

$$\frac{\partial\rho}{\partial t} + \frac{\partial(\rho u)}{\partial x} + \frac{\partial(\rho v)}{\partial y} + \frac{\partial(\rho w)}{\partial z} = 0 \tag{3.37}$$

- Cilíndricas

$$\frac{\partial\rho}{\partial t} + \frac{1}{r}\frac{\partial(r\rho v_r)}{\partial r} + \frac{1}{r}\frac{\partial(\rho v_\theta)}{\partial\theta} + \frac{\partial(\rho v_z)}{\partial z} = 0 \tag{3.38}$$

- Esféricas

$$\frac{\partial \rho}{\partial t}+\frac{1}{r^2}\frac{\partial(r^2\rho u_r)}{\partial r}+\frac{1}{r\text{sen}\theta}\frac{\partial(\rho u_\theta \text{sen}\theta)}{\partial \theta}+$$
$$\frac{1}{r\text{sen}\theta}\frac{\partial(\rho u_\phi)}{\partial \phi}=0 \tag{3.39}$$

3.4 EQUAÇÃO DE CAUCHY

Vamos considerar agora um volume material M com massa específica $\rho(x, y, z, t)$ se deslocando no espaço e submetido ao campo gravitacional $\mathbf{g}$ e tensões superficiais $\hat{\mathbf{t}}$, como indica a Fig. 3.4. A principal hipótese é que o meio é contínuo. Queremos aplicar o princípio da conservação da quantidade de movimento linear nesse volume e chegar à equação de balanço de forças da mecânica do contínuo, conhecida como *Equação de Cauchy*. Considerando, então, todas as forças envolvidas, chega-se à Eq. (3.40):

$$\int_{V(t)}\rho\mathbf{g}dV+\int_{S(t)}\mathbf{t}dS=\frac{d}{dt}\int_{V(t)}\rho\mathbf{u}dV \tag{3.40}$$

Em palavras, o que a Eq. (3.40) nos diz é que o somatório das forças que atuam no volume material $V(t)$ (aqui, simplesmente forças de corpo e de superfície) é igual à variação do tempo da quantidade de movimento do volume material, terceiro termo da Eq. (3.40). Às vezes, parece paradoxal usar a expressão *conservação da quantidade de movimento* e, logo em seguida, falar de variação do tempo. Ora, se há variação do tempo, alguém poderia argumentar que não há conservação. De fato, a equação posta na forma da Eq. (3.40) não tem uma aparência conservativa, e a dúvida surge porque em muitos textos considera-se apenas como quantidade de movimento o termo de inércia $\rho\mathbf{u}dV$. Assim posto, a variação da quantidade de movimento seria a força resultante e só haveria conservação nos casos em que ela fosse nula. Por outro lado, se tratarmos todos os outros termos como de mesma natureza, ou seja, parcelas de quantidade de movimento, poderíamos dizer que a soma de tudo é zero e, agora sim, que tudo se conserva. Pode parecer inócua essa discussão, mas não é rara a preferência ao tratamento conservativo. Nosso objetivo aqui, entretanto, é apenas mostrar a lógica da expressão *conservação da quantidade de movimento*, muitas vezes mal entendida.

EXERCÍCIOS PROPOSTOS

3.1 Partindo da Eq. (3.32), mostre que sua forma integral pode ser escrita como $\frac{\partial}{\partial t}\int_V \rho dV + \int_S \rho \mathbf{u} \cdot \mathbf{n} dS = 0$.

3.2 Usando as Eq. (3.33) e (3.35), demonstre a Eq. (3.36).

3.3 Mostre que a Eq. (3.29) pode ser escrita na forma da Eq. (3.30).

3.4 Mostre que $\nabla \cdot (p\mathbf{I}) = \nabla p$.

3.5 Mostre que a Eq. (3.45) pode ser escrita na forma da Eq. (3.46).

CAPÍTULO 4

O fluido newtoniano

O objetivo principal deste capítulo é partir da definição de fluido newtoniano para chegar às equações de Navier-Stokes, na seção 4.1, que se refere à conservação da quantidade de movimento para um fluido newtoniano. Em seguida, na seção 4.2, define-se o que é um escoamento desenvolvido e estuda-se casos particulares em tubos. Na última seção desse capítulo, 4.3, vamos discutir o número de Reynolds, principal número adimensional em mecânica dos fluidos.

4.1 EQUAÇÕES DE NAVIER-STOKES

A equação de Cauchy descreve o deslocamento de um material qualquer que se deforma continuamente com o tempo. A única condição limitante é que a hipótese do contínuo seja válida. Do ponto de vista prático, a equação não representa nenhum escoamento real. O reflexo disso é que o sistema de equações diferenciais resultante não é fechado, pois existem mais variáveis que equações. A condição física necessária para o fechamento do sistema é a definição do material em estudo, de suas propriedades físicas. Em linguagem reológica, um modelo constitutivo de material é necessário. Nesta seção, vamos abordar o caso de escoamento de fluido newtoniano incompressível, cujo modelo constitutivo é dado pela Eq. (4.1):

$$\boldsymbol{\tau} = \mu \dot{\boldsymbol{\gamma}} \tag{4.1}$$

Onde μ é a viscosidade cisalhante. Observe que como o traço de $\dot{\boldsymbol{\gamma}}$ é nulo para um fluido newtoniano incompressível, $\boldsymbol{\tau}$ é deviatórico.

Inserindo-se a Eq. (4.1) na equação de Cauchy, representada pela Eq. (3.50), chega-se à equação de movimento mais popular da reologia, a chamada *Equação de Navier-Stokes*:

$$\rho \left[\frac{\partial \mathbf{u}}{\partial t} + \mathbf{u} \cdot \nabla \mathbf{u} \right] = -\nabla p + \mu \nabla^2 \mathbf{u} + \rho \mathbf{g} \tag{4.2}$$

Aqui, o tensor da tensões é dividido entre um termo de pressão ∇p e as tensões viscosas, aquelas multiplicadas pela viscosidade. Sendo a água e o ar fluidos tipicamente newtonianos, a equação de NS representa um número vastíssimo de fenômenos naturais e processos industriais; portanto, sua importância para a engenharia quase dispensa comentários. O sistema de equações diferenciais associado à Eq. (4.2) é parcial, não linear e dependente do tempo, o que torna sua solução completa extremamente complexa. Soluções analíticas só são possíveis para casos limites, por exemplo, escoamentos com uma série de particularidades simplificadoras. Problemas complexos são resolvidos por meio de abordagem numérica e, ainda sim, com relativa limitação. As Tabs. 4.1, 4.2 e 4.3 mostram os componentes de NS em coordenadas retangulares, cilíndricas e esféricas para fluidos incompressíveis.

Tratando-se de fluidos newtonianos, as equações de Navier-Stokes são incontestáveis. Elas já foram testadas inúmeras vezes e comparadas com experimentos, de modo a torná-las totalmente aceitas. É muito comum, inclusive, usar N-S para calibrar instrumentos, principalmente aqueles comuns em estudos de escoamentos turbulentos (SUZUKI; KASAGI, 1992; VUKOSLAVCEVIC; WALLACE, 2013).

Tabela 4.1 Equações de Navier-Stokes em coordenadas retangulares (xyz).

$$x)\quad \rho\left[\frac{\partial u}{\partial t}+u\frac{\partial u}{\partial x}+v\frac{\partial u}{\partial y}+w\frac{\partial u}{\partial z}\right]=-\frac{\partial p}{\partial x}+\rho g_x+ \mu\left[\frac{\partial^2 u}{\partial x^2}+\frac{\partial^2 u}{\partial y^2}+\frac{\partial^2 u}{\partial z^2}\right]+ \tag{4.3}$$

$$y)\quad \rho\left[\frac{\partial v}{\partial t}+u\frac{\partial v}{\partial x}+v\frac{\partial v}{\partial y}+w\frac{\partial v}{\partial z}\right]=-\frac{\partial p}{\partial y}+\rho g_y+ \mu\left[\frac{\partial^2 v}{\partial x^2}+\frac{\partial^2 v}{\partial y^2}+\frac{\partial^2 v}{\partial z^2}\right] \tag{4.4}$$

$$z)\quad \rho\left[\frac{\partial w}{\partial t}+u\frac{\partial w}{\partial x}+v\frac{\partial w}{\partial y}+w\frac{\partial w}{\partial z}\right]=-\frac{\partial p}{\partial z}+\rho g_z+ \mu\left[\frac{\partial^2 w}{\partial x^2}+\frac{\partial^2 w}{\partial y^2}+\frac{\partial^2 w}{\partial z^2}\right]+ \tag{4.5}$$

Tabela 4.2 Equações de Navier-Stokes em coordenadas cilíndricas ($r\theta z$).

$$r)\quad \rho\left[\frac{\partial v_r}{\partial t}+v_r\frac{\partial v_r}{\partial r}+\frac{v_\theta}{r}\frac{\partial v_r}{\partial \theta}-\frac{v_\theta^2}{r}+v_z\frac{\partial v_r}{\partial z}\right]=-\frac{\partial p}{\partial r}+\rho g_r+$$

$$+\mu\left[\frac{1}{r}\frac{\partial}{\partial r}(r\frac{\partial v_r}{\partial r})-\frac{v_r}{r^2}+\frac{1}{r^2}\frac{\partial^2 v_r}{\partial \theta^2}-\frac{2}{r^2}\frac{\partial v_\theta}{\partial \theta}+\frac{\partial^2 v_r}{\partial z^2}\right] \qquad (4.6)$$

$$\theta)\quad \rho\left[\frac{\partial v_\theta}{\partial t}+v_r\frac{\partial v_\theta}{\partial r}+\frac{v_\theta}{r}\frac{\partial v_\theta}{\partial \theta}+\frac{v_r v_\theta}{r}+v_z\frac{\partial v_\theta}{\partial z}\right]=-\frac{1}{r}\frac{\partial p}{\partial \theta}+\rho g_\theta+$$

$$\mu\left[\frac{1}{r}\frac{\partial}{\partial r}(r\frac{\partial v_\theta}{\partial r})-\frac{v_\theta}{r^2}+\frac{1}{r^2}\frac{\partial^2 v_\theta}{\partial \theta^2}+\frac{2}{r^2}\frac{\partial v_r}{\partial \theta}+\frac{\partial^2 v_\theta}{\partial z^2}\right] \qquad (4.7)$$

$$z)\quad \rho\left[\frac{\partial v_z}{\partial t}+v_r\frac{\partial v_z}{\partial r}+\frac{v_\theta}{r}\frac{\partial v_z}{\partial \theta}+v_z\frac{\partial v_z}{\partial z}\right]=-\frac{\partial p}{\partial z}+\rho g_z+$$

$$\mu\left[\frac{1}{r}\frac{\partial}{\partial r}(r\frac{\partial v_z}{\partial r})+\frac{1}{r^2}\frac{\partial^2 v_z}{\partial \theta^2}+\frac{\partial^2 v_z}{\partial z^2}\right] \qquad (4.8)$$

Tabela 4.3 Equações de Navier-Stokes em coordenadas esféricas ($r\theta\phi$).

r)

$$\rho\left[\frac{\partial v_r}{\partial t}+v_r\frac{\partial v_r}{\partial r}+\frac{v_\theta}{r}\frac{\partial v_r}{\partial \theta}-\frac{v_\theta^2+v_\phi^2}{r}+\frac{v_\phi}{r\text{sen}\theta}\frac{\partial v_r}{\partial \phi}\right]=-\frac{\partial p}{\partial r}+\rho g_r+$$

$$\mu\left[\frac{1}{r^2}\frac{\partial}{\partial r}(r^2\frac{\partial v_r}{\partial r})+\frac{1}{r^2\text{sen}\theta}\frac{\partial}{\partial \theta}(\text{sen}\theta\frac{\partial v_r}{\partial \theta})+\frac{1}{r^2\text{sen}\theta^2}\frac{\partial^2 v_r}{\partial \phi^2}-2\frac{v_r+\frac{\partial u_\theta}{\partial \theta}+v_\theta\cot\theta}{r^2}-\frac{2}{r^2\text{sen}\theta}\frac{\partial v_\phi}{\partial \phi}\right] \quad (4.9)$$

θ)

$$\rho\left[\frac{\partial v_\theta}{\partial t}+v_r\frac{\partial v_\theta}{\partial r}+\frac{v_\theta}{r}\frac{\partial v_\theta}{\partial \theta}+\frac{v_\phi}{r\text{sen}\theta}\frac{\partial v_\theta}{\partial \phi}+\frac{v_r v_\theta-v_\phi^2\cot\theta}{r}\right]=-\frac{1}{r}\frac{\partial p}{\partial \theta}+\rho g_\theta+$$

$$\mu\left[\frac{1}{r^2}\frac{\partial}{\partial r}(r^2\frac{\partial v_\theta}{\partial r})+\frac{1}{r^2\text{sen}\theta}\frac{\partial}{\partial \theta}(\text{sen}\theta\frac{\partial v_\theta}{\partial \theta})+\frac{1}{r^2\text{sen}\theta^2}\frac{\partial^2 v_\theta}{\partial \phi^2}+\frac{2}{r^2}\frac{\partial v_r}{\partial \theta}-\frac{v_\theta+2\cos\theta\frac{\partial v_\phi}{\partial \phi}}{r^2\text{sen}\theta^2}\right] \quad (4.10)$$

ϕ)

$$\rho\left[\frac{\partial v_\phi}{\partial t}+v_r\frac{\partial v_\phi}{\partial r}+\frac{v_\theta}{r}\frac{\partial v_\phi}{\partial \theta}+\frac{v_r v_\phi+v_\phi v_\theta\cot\theta}{r}+\frac{v_\phi}{r\text{sen}\theta}\frac{\partial v_\phi}{\partial \phi}\right]=-\frac{1}{r\text{sen}\theta}\frac{\partial p}{\partial \phi}+\rho g_\phi$$

$$\mu\left[\frac{1}{r^2}\frac{\partial}{\partial r}(r^2\frac{\partial v_\phi}{\partial r})+\frac{1}{r^2\text{sen}\theta}\frac{\partial}{\partial \theta}(\text{sen}\theta\frac{\partial v_\phi}{\partial \theta})+\frac{1}{r^2\text{sen}\theta^2}\frac{\partial^2 v_\phi}{\partial \phi^2}+\frac{2\text{sen}\theta\frac{\partial v_r}{\partial \phi}+2\cos\theta\frac{\partial v_\theta}{\partial \phi}-v_\phi}{r^2\text{sen}\theta^2}\right] \quad (4.11)$$

4.2 ESCOAMENTO DESENVOLVIDO EM TUBOS

O conceito de escoamento desenvolvido é extremamente importante e comum em mecânica dos fluidos e, por isso, vale a pena discutir, mesmo brevemente. Vamos usar como referência a Fig. 4.1, que mostra um esquema de um escoamento com mudança de perfil ao longo do eixo z.

O perfil de velocidades na entrada é uniforme, $\mathbf{u} = U\mathbf{e}_z$. Se considerarmos que o fluido não desliza na parede, o perfil do componente u obrigatoriamente ganhará outra forma. Como o fluido tende a ser retido na parede, ele precisa acelerar no núcleo do tubo na direção z, região fora da camada limite, representada pelas linhas tracejadas na Fig. 4.1, para conservar a massa. A camada limite divide o escoamento entre duas partes: nesse caso, uma em que o fluido é cisalhado, próxima à parede, e outra em que o fluido não é cisalhado, próxima ao centro do tubo. À medida que o fluido entra no tubo, a influência da parede aumenta, assim como a espessura da camada limite, até o ponto em que as camadas se interceptam, em $z = L_d$. A partir desse ponto, o perfil de velocidades se mantém constante. Os componentes radial e angular de velocidades são nulos, ou seja, $v_r = v_\theta = 0$, e o componente axial passa variar a só radialmente, em $v_z = v_z(r)$. Diz-se, então, que o escoamento está desenvolvido. A distância necessária para o fluido atingir o desenvolvimento L_d é chamada de comprimento de desenvolvimento. Uma vez desenvolvido, o termo de aceleração convectiva da equação do movimento $\mathbf{u} \cdot \nabla\mathbf{u}$ é nulo. Das equações de Navier-Stokes em coordenadas cilíndricas, chega-se rapidamente à relação:

$$\frac{\partial p}{\partial z} = \mu \frac{1}{r}\frac{d}{dr}\left(r\frac{dv_z}{dr}\right) \tag{4.12}$$

Como $\dfrac{\partial p}{\partial z}$ é constante (ver o exercício 4.2), a Eq. (4.12) pode ser integrada facilmente para se chegar ao perfil de velocidades $v_z(r)$, tomando como condições de contorno não deslizamento na parede e simetria com relação ao eixo do tubo:

$$v_z(r) = -\frac{R^2}{4\mu}\frac{\partial p}{\partial z}\left[1 - \left(\frac{2r}{D}\right)^2\right] \tag{4.13}$$

O termo $-\frac{R^2}{4\mu}\frac{\partial p}{\partial z}$ é a velocidade máxima que ocorre no centro do tubo, em $r = 0$. Integrando o perfil de velocidades na seção III e dividindo pela área da seção, mostra-se que a velocidade máxima é o dobro da velocidade média na seção, $u_{max} = 2U$.

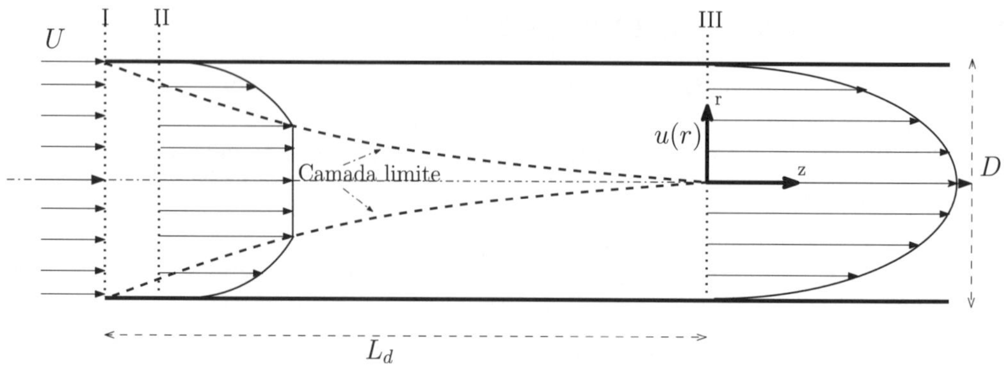

Figura 4.1 Esquema de um escoamento em desenvolvimento.

4.3 O NÚMERO DE REYNOLDS

O número adimensional mais importante e popular da mecânica dos fluidos é o número de Reynolds, representado por Re. Em seu célebre trabalho, Reynolds (1883) estudou as circunstâncias em que o escoamento de um fluido newtoniano (o autor usou água) transitava de um comportamento laminar para um sinuoso, chegando finalmente a um estágio turbulento. A configuração de forças que determina as diferentes classes de escoamento, geralmente chamado de escoamento laminar, de transição ou turbulento, é o aclamado número de Reynolds, em homenagem ao célebre autor – para mais detalhes sobre o número de Reynolds, veja Fox, McDonald e Pritchard (2004). Apesar de popular e comum, não é raro o iniciante em mecânica dos fluidos confundir o significado físico de Re. Na verdade, é muito comum encontrar na literatura, por força da simplicidade, números adimensionais tratados como se fossem o número de Reynolds, mas sem preservar seu verdadeiro significado. Classicamente, define-se como número de Reynolds uma razão entre forças de inércia e forças viscosas. Como o número surgiu a partir de uma análise de escoamento em tubos, vamos considerar essa geometria para nosso estudo.

Uma forma de se chegar naturalmente à expressão para Re é por meio da adimensionalização das equações do movimento. Vamos considerar o escoamento de um fluido newtoniano e partir, então, da equação de Navier-Stokes, representada pela Eq. (4.2). A forma adimensional é obtida definindo os parâmetros característicos do escoamento. No caso do escoamento representado na Fig. 4.1, o comprimento característico é o diâmetro do tubo D, e a velocidade característica U é a velocidade média $\bar{u}$. Assim, as variáveis adimensionais do problema podem ser escritas como:

$$x_i' = \frac{x_i}{D};\, u_i' = \frac{u_i}{U};\, t' = \frac{D}{U};\, p' = \frac{p}{\rho U^2} \tag{4.14}$$

Substituindo as variáveis adimensionais na Eq. (4.2) e considerando o escoamento de um fluido incompressível, chega-se a:

$$\rho U^2 \left[\frac{\partial \mathbf{u}'}{\partial t'} + \mathbf{u}' \cdot \nabla \mathbf{u}' \right] =$$

$$-\rho U^2 \nabla' p' + \mu \frac{U}{D} \nabla'^2 \mathbf{u}' + \rho \mathbf{g} D \tag{4.15}$$

É importante notar que o termo $\mu U/D$ é, a menos de uma constante, a tensão cisalhante na parede do tubo na região desenvolvida. A tensão na parede τ_w pode ser obtida do perfil de velocidades v_z, representada pela Eq. (4.13), uma vez que a tensão na região desenvolvida é $\tau_{rz} = \mu \dot{\gamma}_{rz}$ e $\dot{\gamma}_{rz}$ é simplesmente dv_z/dr. Portanto, da Eq. (4.13), sabendo que $u_{max} = 2U$, conclui-se que $\tau_w = \mu 8U/D$. A Eq. (4.15) pode, então, ser reescrita com a forma:

$$\frac{8\rho U^2}{\tau_w} \left[\frac{\partial \mathbf{u}'}{\partial t'} + \mathbf{u}' \cdot \nabla \mathbf{u}' \right] = \frac{-8\rho U^2}{\tau_w} \nabla' p' + \nabla'^2 \mathbf{u}' + \frac{8\rho \mathbf{g} D}{\tau_w} \tag{4.16}$$

Finalmente, o termo ρU^2 é uma força de inércia; assim, chega-se naturalmente a dois números adimensionais, sendo o primeiro, e mais importante, chamado de número de Reynolds, e o segundo chamado de número de Froude.

- Número de Reynolds:

$$Re = \frac{8\rho U^2}{\tau_w} \tag{4.17}$$

- Número de Froude:

$$Fr = \frac{U}{\sqrt{\mathbf{g} D}} \tag{4.18}$$

A Eq. (4.16) é, então, escrita na sua forma adimensional como:

$$\left[\frac{\partial \mathbf{u}'}{\partial t'} + \mathbf{u}' \cdot \nabla \mathbf{u}' \right] = -\nabla' p' + \frac{1}{Re} \nabla'^2 \mathbf{u}' + \frac{1}{Fr^2} \tag{4.19}$$

Obviamente, se substituirmos $\tau = /\mu U/D$ na Eq. (4.17) chegaremos à forma mais comum do número de Reynolds, a da Eq. (4.20),

$$Re = \frac{\rho U D}{\mu}. \tag{4.20}$$

Na forma da Eq. (4.17), fica clara a razão de forças por unidade de área, enquanto, na forma da Eq. (4.20), isso não é evidente. Outra particularidade interessante da definição dada pela Eq. (4.17) tem relação com a definição do fator de atrito de Moody, representada pela Eq. (4.21):

$$f = \frac{-\frac{\partial p}{\partial z} D_h}{\frac{1}{2}\rho U^2} \tag{4.21}$$

Onde D_h é o diâmetro hidráulico, que, no caso do tubo, é seu próprio diâmetro D. Então, o produto fRe é dado pela equação seguinte:

$$fRe = \frac{-16\frac{\partial p}{\partial z} D_h}{\tau_w} \tag{4.22}$$

Das equações de Cauchy em coordenadas cilíndricas para um escoamento desenvolvido, chega-se rapidamente à Eq. (4.23), que representa um balanço entre forças de pressão e de tensão:

$$\frac{\partial p}{\partial z} = \frac{1}{r}\frac{d}{dr}(r\tau_{rz}) \tag{4.23}$$

No tubo, o campo de tensão é simplesmente dado por:

$$\tau_{rz} = \frac{r}{2}\frac{\partial p}{\partial z} \tag{4.24}$$

Consequentemente, a tensão na parede pode ser computada quando $r = R$, obtendo $\tau_w = \frac{R}{2}\frac{\partial p}{\partial z}$. Voltando-se à Eq. (4.22), conclui-se que o produto fRe é sempre igual a 64. Observe que, para chegar a esse número, não foi preciso fazer hipótese sobre a natureza do fluido. As Eq. (4.17), (4.21) e (4.23) não têm nenhuma relação com um fluido específico. Ou seja, a definição de número de Reynolds dada pela Eq. (4.17) impõe que o produto fRe seja sempre constante e igual a 64 (SOARES; NACCACHE; MENDES, 2003; SILVA et al., 2014; KFURI et al., 2017). Mas qual seria a implicação prática disso?

Isso se torna mais evidente quando se analisa escoamentos de fluidos não newtonianos, principal objeto deste livro. Imagine, então, que se queira investigar o escoamento de um fluido cuja viscosidade não é constante com a taxa de cisalhamento, comportamento extremamente comum em fluidos não newtonianos. Se tomássemos como base a definição (4.20), já teríamos um primeiro problema: *qual viscosidade usar?* Nesse caso, talvez a escolha mais intuitiva seja buscar uma viscosidade média no escoamento! Em um fluido tipicamente não newtoniano escoando em tubo em regime permanente, a partir de sua entrada, seria a viscosidade variando radial e axialmente $\mu(r, z)$. Digamos, então, que se optasse por uma viscosidade média na seção em que o escoamento fosse desenvolvido. Claramente iria se chegar a um número, mas qual seria seu significado físico? Provavelmente, haveria uma tendência de chamar esse número de razão entre forças de inércia e forças viscosas, quando na verdade não teria, rigorosamente, esse significado. Mais tarde, veremos que, em se tratando de escoamento em um tubo, a escolha que mantém a original relação entre forças é uma viscosidade medida na parede do tubo na região desenvolvida, uma vez que a tensão na parede é proporcional a uma viscosidade na parede. A definição (4.17) escapa de todo esse dilema, pois não coloca a viscosidade de forma explícita.

Deve-se tomar muito cuidado com uma má definição, não só do número de Reynolds, mas de qualquer adimensional, principalmente quando deseja-se comparar resultados. Isso não é raro em mecânica do fluidos (JR; LEUNG, 1981; COSTALONGA; LOUREIRO; SOARES, 2018). Imagine que se deseje verificar a influência de uma propriedade não newtoniana qualquer em um escoamento cujo número de Reynolds não é desprezível. Os dois casos devem ser comparados em um mesmo número de Reynolds. Mas se a forma de computar Re é diferente para os diferentes fluidos, ou seja, não representa a mesma relação de forças, a comparação é imprópria. Voltaremos a essa discussão quando estivermos discutindo, no Capítulo 5, a classe de fluidos newtonianos generalizados (FNG), a primeira classe de não newtonianos estudada neste texto.

Para fixar um pouco mais o conceito de número de Reynolds e mostrar que uma má definição tem implicações negativas mesmo para os casos de fluidos newtonianos, vamos analisar o escoamento de um fluido newtoniano em um espaço alunar, espaço entre dois cilindros concêntricos (Fig. 4.2). Um balanço de forças na região desenvolvida, em que as forças de pressão equilibram as forças viscosas, nos leva à seguinte relação:

$$\frac{(R_0 - R_i)}{2}\frac{dP}{dz} = \frac{R_i \tau_{wi} + R_o \tau_{w0}}{R_o + R_i} = \bar{\tau}_w \tag{4.25}$$

O termo do lado direito da Eq. (4.25) é a tensão média nas paredes interna e externa da geometria, que equilibra as forças de pressão. Portanto, para que o número de Reynolds tenha o mesmo significado físico original, ou seja, represente uma relação entre forças de inércia e forças viscosas em um espaço anular, a tensão que deve ser usada na definição

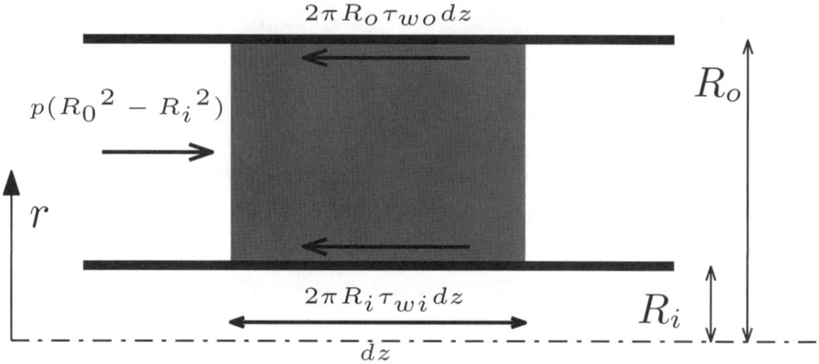

Figura 4.2 Balanço de forças em escoamento desenvolvido em um espaço anular.

(4.17) é a da Eq. (4.25). Observe que, se substituirmos a tensão média na definição de fRe, notando que $D_h = D_o - D_i$, vamos encontrar novamente a constante 64. Isso não é, obviamente, por acaso. O produto fRe é justamente uma razão entre forças de pressão e forças viscosas, que se equilibram na região desenvolvida, representada pela Eq. (4.25), e claramente a razão entre elas deve ser constante.

Agora, façamos a seguinte pergunta, extremamente interessante: com base na Eq. (4.20), qual seria a expressão para Re? No fluido newtoniano, μ é constante, mas o espaço anular tem dois diâmetros: D_o e D_i. Qual diâmetro escolher?

Não é raro optar por um ou outro, porém o mais comum é usar a relação $D_o - D_i$, que seria o espaço entre os tubos, também chamado de diâmetro hidráulico do espaço anular. Mas o intrigante é que nenhuma dessas opções preserva o significado original implícito em Eq. (4.17). Jr e Leung (1981), por meio de uma análise distinta da apresentada nesse livro, em seus estudos de perda de carga em espaços anulares, mostrou que o diâmetro hidráulico, largamente utilizado como comprimento característico do espaço anular, é uma má escolha para adimensionalizar as forças de atrito nessa geometria. Se calcularmos o perfil de velocidades na região desenvolvida do espaço anular, podemos obter os valores de tensão nas paredes e, portanto, calcular a tensão média, que pode ser expressa em termos da velocidade média na seção (veja o exercício 4.5 deste capítulo). A definição de Re na Eq. (4.17) adquire, então, a seguinte forma:

$$Re_{annular} = \frac{\rho \bar{u}}{\mu}(D_0 - D_i)\phi =$$

$$\frac{\rho \bar{u}}{\mu}\frac{(D_0 - D_i)}{(1 - D_i/D_0)^2}\left[1 + \left(\frac{D_i}{D_0}\right)^2 - \frac{1 - (D_i/D_0)^2}{ln(D_0/D_i)}\right] \tag{4.26}$$

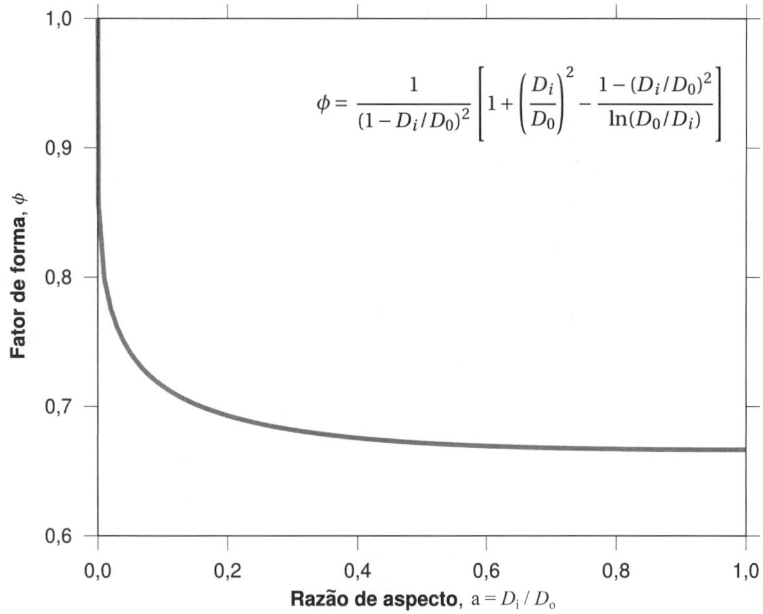

Figura 4.3 Fator de forma ϕ em função da razão de aspecto $a = D_i/D_o$. Fonte: elaboração própria (baseada em dados de Costalonga, Loureiro e Soares (2018)).

Onde ϕ é um fator de forma. Portanto, a dimensão característica que deveria ser usada para que a definição de Re no espaço anular tenha o mesmo significado físico original não é nada trivial e de difícil previsão *a priori*.

Como mostra a Fig. 4.3, o fator de forma ϕ tende à unidade quando a razão de aspecto $a = R_i/R_0$ tende a zero. Nesse caso, e só nesse caso particular, o diâmetro hidráulico seria o comprimento característico adequado. Ainda, à medida que o raio interno aumenta em relação ao externo, o diâmetro hidráulico se torna cada vez mais uma pior aproximação para a dimensão característica. No caso extremo de $a = R_i/R_0$ próximo da unidade, ϕ chega ao valor limite de aproximadamente 0,67.

A Fig. 4.4 mostra dados experimentais de fator de atrito em função do número de Reynolds. Os autores usam a chamada escala de Prantd von-Kármán, em que o fator $1/\sqrt{f}$ é disposto em função de $\log(Re\sqrt{f})$. A linha tracejada é a correlação de Colebrook para o fator de atrito para escoamentos turbulentos de fluidos newtonianos em tubos lisos. Os diversos símbolos são dados experimentais dos autores que compararam o fator de atrito medido no tubo (cruzes rochas) com os medidos em espaços anulares com diferentes fatores a (quadrados verdes e círculos azuis). Na figura superior, considera-se Re conforme Eq. (4.26), enquanto na figura inferior usa-se o diâmetro hidráulico. Note

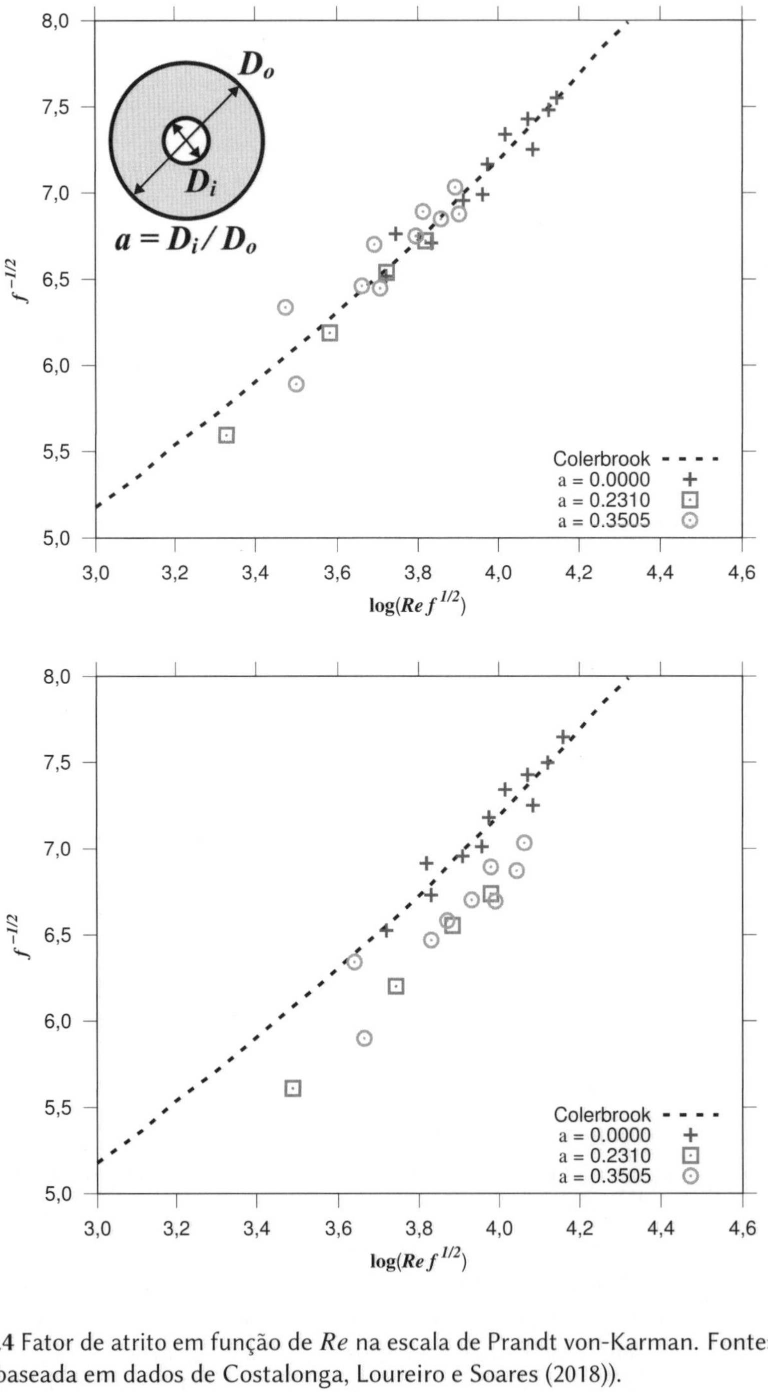

Figura 4.4 Fator de atrito em função de *Re* na escala de Prandt von-Karman. Fonte: elaboração própria (baseada em dados de Costalonga, Loureiro e Soares (2018)).

que os dados experimentais estão bem alinhados com a correlação de Colebrook na figura superior, enquanto na inferior eles estão mais dispersos. Portanto, os resultados de Jr e Leung (1981) e Costalonga, Loureiro e Soares (2018) reforçam a tese de que o fator de atrito, de fato, independe da geometria, mesmo para um escoamento turbulento, se o número de Reynolds for rigorosamente bem definido.

É importante observar que nem sempre é fácil obter uma expressão para o número de Reynolds em função de parâmetros geométricos e de uma velocidade característica conhecidos *a priori*, a partir de sua definição na Eq. (4.17). Quando as geometrias ou o fluido são complexos, isso pode ser uma tarefa impossível, mas é um fato que a Eq. (4.17) pode ser sempre avaliada *a posteriori*, com a solução do problema, e qualquer aproximação pode ser aferida. O importante é sempre ter em mente a definição ortodoxa.

Aqui, discutimos o número de Reynolds, mas as formas de adimensionalização são discussões recorrentes na literatura, principalmente quando se trata de fluidos não newtonianos, porque sua viscosidade é em geral não constante e dependente da taxa de cisalhamento. Voltaremos a esse assunto mais tarde, no próximo capítulo.

EXERCÍCIOS PROPOSTOS

4.1 Mostre que $\nabla \cdot \left(\dot{\gamma} - \frac{2}{3}(\nabla \cdot \mathbf{u})\mathbf{I}\right) = \nabla^2\mathbf{u} + \frac{1}{3}\nabla(\nabla \cdot \mathbf{u})$.

4.2 Mostre que em escoamento desenvolvido em tubos, $\frac{\partial p}{\partial z}$ é uma constante.

4.3 Considere o campo de velocidades em que $u = -\frac{1}{2}\dot{\epsilon}(1+b)x$, $v = -\frac{1}{2}\dot{\epsilon}(1-b)y$ e $w = \dot{\epsilon}z$ representa um escoamento permanente conhecido como *escoamento simples de extensão*, em que $\dot{\epsilon}$ e b são constantes. Prove que a massa é conservada. Verifique se esse escoamento é irrotacional. Por fim, obtenha os componentes do tensor taxa de deformação.

4.4 Considere um escoamento desenvolvido entre placas paralelas com profundidade infinita e espaçada por δ. Um fluido newtoniano escoa por pressão. Obtenha o perfil de velocidades e a relação entre as velocidades média e máxima.

4.5 Obtenha o perfil de velocidades de um escoamento desenvolvido de fluido newtoniano em um espaço anular, espaço entre dois tubos concêntricos, com diâmetro interno D_i e externo D_o. Determine a tensão média que equilibra as forças de pressão em função da velocidade média U.

4.6 Considere um escoamento laminar completamente desenvolvido no espaço anular entre dois tubos concêntricos. O tubo externo é estacionário, enquanto o tubo interno se move na direção z com velocidade V_0. Considere o gradiente axial de pressão igual a zero. Obtenha uma expressão geral para a tensão de cisalhamento $\tau(r)$. Obtenha uma expressão para o perfil de velocidade $u(r)$. O raio do tubo interno é R_i e do raio do tubo externo é R_0.

4.7 Considere dois fluidos newtonianos escoando um sobre o outro em um plano inclinado com ângulo α. Os fluidos escoam só por ação da gravidade. A espessura das camadas de cada fluido é igual a h. Obtenha o perfil de velocidades.

4.8 Um fluido escoa entre dois discos paralelos de raio R, separados por uma distância δ, de tal forma que o disco inferior é fixo e o disco superior gira com velocidade angular constante ω, impulsionado por um torque $\mathcal{T}$. A partir da expressão original do número de Reynolds, na Eq. (4.17), deduza uma expressão para o número de Reynolds específico para essa geometria, em função dos parâmetros dado acima. Sabe-se que $\delta << R$.

4.9 Um fluido escoa entre dois cilindros concêntricos. O raio do cilindro interno é R_i e do raio do externo é R_0. O cilindro interno gira com rotação constante ω, impulsionado por um torque $\mathcal{T}$. Considerando o espaçamento entre os cilindros muito pequeno, obtenha uma expressão para medir a viscosidade.

CAPÍTULO 5

Fluido newtoniano generalizado

Aqui discutimos a primeira classe de fluidos não newtonianos. Vamos primeiramente analisar os efeitos afinantes e dilatantes, suas causas e os principais modelos. Em seguida, introduziremos o conceito de viscoplasticidade e apresentaremos os modelos mais simples e largamente utilizados. Ao final deste capítulo, vamos falar de adimensionais para materiais viscoplásticos e apontar algumas controvérsias. Esse ponto ainda não é pacífico na comunidade de reologia e merece muita atenção.

5.1 ASPECTOS GERAIS

A primeira classe de fluido não newtoniano e a mais simples a ser apresentada neste livro é a de *fluido newtoniano generalizado* (FNG). O que difere essa classe de material do fluido newtoniano é o fato de sua viscosidade depender da taxa de deformação. A viscosidade pode variar em várias ordens de grandeza entre taxas de cisalhamento próximas de zero e tendendo ao infinito; portanto, qualquer projeto de engenharia envolvendo tais materiais deve, obrigatoriamente, considerar essa dependência. A lista de fluidos com viscosidade dependente da taxa de cisalhamento é enorme. Eles estão naturalmente presentes em diversos fenômenos naturais e em um extenso número de atividades industriais, envolvendo diferentes setores. Petróleo, neve, lama, lava vulcânica e sangue são alguns exemplos de fluidos com essa natureza. Portanto, o estudo de fenômenos naturais envolvendo esses materiais passa, obrigatoriamente, por uma investigação de seus aspectos reológicos. Há, na indústria alimentícia e cosmética, uma série de processos com escoamento de fluidos não newtonianos, como maionese, chocolate, sorvete e ketchup. A análise reológica desses materiais é essencial para um adequado controle de qualidade, principalmente no que tange a caracterização e uniformidade dos produtos. Tratando-se de cosméticos, como *shampoo* e cremes, as propriedades reológicas são controladas com bastante cuidado para a adequada função do produto. Vamos discutir isso com mais detalhes quando falarmos de materiais viscoplásticos. Na Tab. 5.1 há uma lista de fluidos tipicamente não newtonianos cuja viscosidade varia altamente quando a taxa de cisalhamento é alterada.

Tabela 5.1 Fluidos tipicamente com comportamento não newtoniano.

Grupo similar	*Fluidos*
Fluidos biológicos	Sangue, saliva, muco pulmonar
Granulados	Argila, lava vulcânica, neve, areia úmida, polpa de papel, pasta de cimento, lamas de perfuração
Alimentos	Sorvetes, chocolate, maionese, ketchup, queijos, iogurtes, manteiga, geleias, gelatinas
Derivados de petróleo	Óleo pesado, betume, parafina, piche, graxas, lubrificantes, plásticos
Cosméticos	Cremes, *shampoos*, espuma de barbear, pasta de dente
Soluções poliméricas	
Material de revestimento	Tintas, vernizes, colas, adesivos
Outros	Emulsões, espumas, borrachas

No modelo FNG, o tensor extra-tensão tem forma semelhante ao caso newtoniano, com a particularidade da viscosidade η ser, agora, uma função da taxa de deformação $\dot{\gamma}$, ou seja, $\eta = \eta(\dot{\gamma})$. Desprezando o termo de compressibilidade, o modelo FGN é dado pela Eq. (5.1):

$$\boldsymbol{\tau} = \eta(\dot{\gamma})\dot{\boldsymbol{\gamma}} \tag{5.1}$$

A Eq. (5.1) contempla todos os fluidos puramente viscosos, cujas particularidades estão na forma da função viscosidade. Seria pertinente perguntar por que a Eq. (5.1) é geral para fluidos puramente viscosos. Na verdade, em uma ótica puramente matemática a forma mais geral de $\boldsymbol{\tau}$ em função de $\dot{\boldsymbol{\gamma}}$ é a da Eq. (5.2):

$$\boldsymbol{\tau} = \alpha_1(\dot{\gamma})\dot{\boldsymbol{\gamma}} + \alpha_2(\dot{\gamma})\dot{\boldsymbol{\gamma}}^2 + \alpha_3(\dot{\gamma})\dot{\boldsymbol{\gamma}}^3 + \cdots \tag{5.2}$$

Pode-se mostrar com ajuda de algumas propriedades tensoriais (ver teorema de Cayley Hamilton)[7] que os termos de ordem maiores ou iguais a três podem ser escritos em

[7] Bird, Armstrong e Hassager (1987), Rivlin (1955).

função dos termos de ordem inferiores. Assim, o forma mais geral de $\boldsymbol{\tau}(\dot{\boldsymbol{\gamma}})$ é na verdade a seguinte:

$$\boldsymbol{\tau} = \eta_1(\dot{\gamma})\dot{\boldsymbol{\gamma}} + \eta_2(\dot{\gamma})\dot{\boldsymbol{\gamma}}^2 \tag{5.3}$$

Onde η_1 e η_2 são coeficientes a serem medidos. Em um escoamento de cisalhamento simples, em que só o componente $\dot{\gamma}_{xy}$ do tensor taxa de deformação é não nulo, a Eq. (5.3) toma a forma:

$$\begin{bmatrix} \tau_{xx} & \tau_{xy} \\ \tau_{yx} & \tau_{yy} \end{bmatrix} = \eta_1 \begin{bmatrix} 0 & \dot{\gamma}_{xy} \\ \dot{\gamma}_{yx} & 0 \end{bmatrix} + \eta_2 \begin{bmatrix} \dot{\gamma}_{xy}^2 & 0 \\ 0 & \dot{\gamma}_{yx}^2 \end{bmatrix} \tag{5.4}$$

Testes reométricos de cisalhamento simples, ou seja, com cisalhamento de apenas um plano — nesse exemplo, o plano xy — mostram que as tensões normais são nulas ($\tau_{xx} = \tau_{yy} = 0$) em fluidos considerados puramente viscosos, o que obriga η_2 a ser zero. Portanto, como já era de se esperar, a Eq. (5.1) é, de fato, a forma mais geral para descrever um material puramente viscoso. Nós veremos mais tarde que nem sempre as tensões normais são nulas em escoamentos simples de cisalhamento. Forças normais ao plano de cisalhamento surgem naturalmente em materiais que apresentam comportamento elástico, como os materiais viscoelásticos e elasto-viscoplásticos, que serão analisados no Capítulo 6 e no Capítulo 7, respectivamente.

5.2 FLUIDOS PSEUDOPLÁSTICOS E DILATANTES

A primeira subclasse de FNG a ser tratada aqui é a que engloba os fluidos chamados *pseudoplásticos* e *dilatantes.* Os pseudoplásticos, também chamados afinantes, são aqueles em que a viscosidade cai quando a taxa de cisalhamento aumenta. Os dilatantes tem comportamento oposto, ou seja, a viscosidade aumenta com a taxa de cisalhamento. Antes de tudo, a primeira pergunta pertinente a respeito da questão é por que a viscosidade cai ou aumenta com incremento da taxa de cisalhamento.

As Figs. 5.1 e 5.2 mostram de uma forma simplificada o mecanismo de alteração de resistência ao cisalhamento de dois sistemas fluidos compostos por solvente e soluto. No primeiro sistema, o soluto é um material com forma bem alongada, típica de polímeros ou fibras. Em repouso, a distribuição dos elementos é aleatória, governada por forças intermoleculares (Van Der Waals etc.), formando um emaranhado que impõe uma grande resistência ao escoamento quando uma força cisalhante é aplicada com uma taxa $\dot{\gamma}_1$. Com a aplicação dessa força ou, equivalentemente, dessa taxa de cisalhamento, o sistema é perturbado e procura uma nova configuração de equilíbrio, em que as moléculas ou fibras estão, naturalmente, mais alinhadas com a direção principal do escoamento. O alinhamento dos elementos reduz a resistência ao cisalhamento, em outras palavras, a viscosidade. O alinhamento não é necessariamente total ou perfeito, seu grau é proporcional à intensidade da taxa de cisalhamento, como representado nos quadros da Fig. 5.1 com três níveis de cisalhamento com taxas $\dot{\gamma}_3 > \dot{\gamma}_2 > \dot{\gamma}_1$. Portanto, a viscosidade cai à medida que esse parâmetro é incrementado. Assim, é natural que soluções poliméricas ou misturas de algum solvente com materiais fibrosos apresentem queda de viscosidade com $\dot{\gamma}$. É claro que, na passagem de um nível de intensidade cisalhante para outro, o sistema leva algum tempo para se estabilizar. Quando esse tempo é muito reduzido, ou seja, os elementos se realinham quase instantaneamente a cada incremento de $\dot{\gamma}$, diz-se que o material é pseudoplástico, ou afinante. Em caso contrário, o fluido é dependente do tempo. Esse caso particular será tratado separadamente no Capítulo 8, em que são estudados os fluidos chamados *tixotrópicos*.

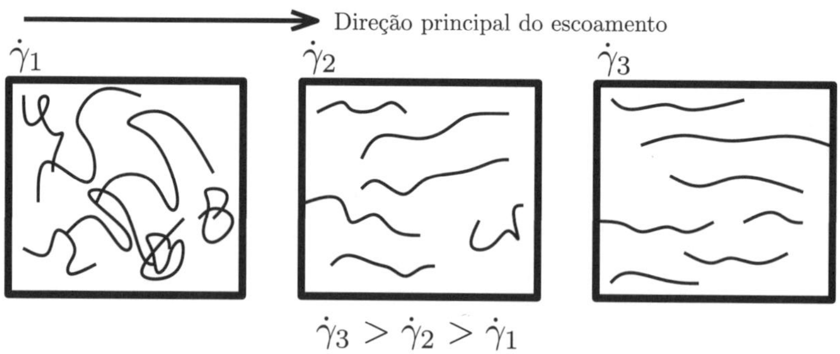

Figura 5.1 Alinhamento das fibras ou polímeros com a direção principal do escoamento.

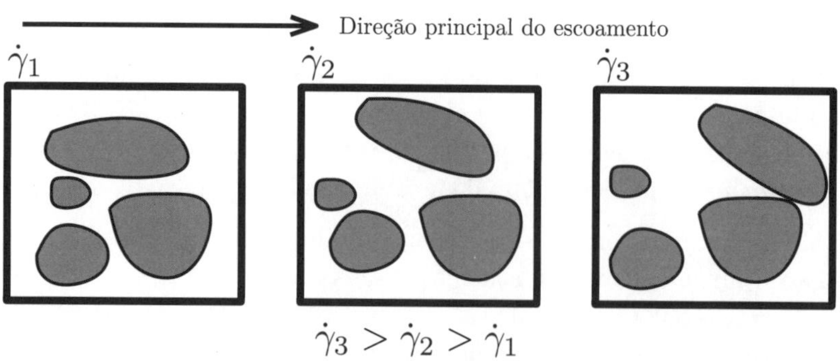

Figura 5.2 Redução da lubrificação das partículas com o cisalhamento.

O fenômeno da dilatação, aumento da viscosidade com a taxa de cisalhamento, ilustrado na Fig. 5.2, ocorre em sistemas particulados, granulados, e é bem menos evidente que o caso anterior. O que possivelmente ocorre é o aumento do atrito sólido-sólido com o incremento de $\dot{\gamma}$. Novamente, na condição de repouso, as partículas estão distribuídas aleatoriamente em um equilíbrio de forças de atração e repulsão. Nesse equilíbrio, as partículas estão envolvidas pelo líquido que trabalha como lubrificante quando uma pequena taxa de deformação é imposta. À medida que essa taxa aumenta, as partículas tendem a se afastar uma das outras, aumentando o espaço entre elas. Se a quantidade de líquido lubrificante é limitada, com o afastamento entre as partículas, uma parte delas passa a se deslocar sem lubrificação, com contato sólido-sólido, aumentando a resistência ao escoamento e, consequentemente, a viscosidade. Escoamento de areia úmida exemplifica bem o caso de dilatação.

As Figs. 5.3 e 5.4 são dados de viscosidade em função da taxa de cisalhamento.[8] A Fig. 5.3 mostra $\eta(\dot{\gamma})$ para três soluções de poliacrilamida (PAM) em água. Os níveis de viscosidade aumentam com a concentração, como é de se esperar, e caem nitidamente com o aumento da taxa de cisalhamento por conta do alinhamento das moléculas de PAM com a direção principal do escoamento. Percebe-se, principalmente com a solução de 5000 ppm, um patamar newtoniano de viscosidade em baixas taxas η_0 e um em altas taxas η_∞. Esse comportamento é típico para a maioria dos materiais, uma vez que não é razoável viscosidade infinita e, muito menos, zero. A viscosidade não pode cair indefinidamente e, portanto, é de se esperar um valor assintótico em taxa tendendo ao infinito. A razão η_0/η_∞ é próxima de 1000 para a solução de 5000 ppm de PAM, o que não pode ser, de modo algum, ignorado. A Fig. 5.4 mostra a tensão e a viscosidade cisalhante de uma solução de maisena em água. O comportamento desse material é bem mais complexo que o da solução de PAM. De início, a viscosidade cai abruptamente antes de começar a subir por conta da dilatação. A queda inicial não é por alinhamento de partículas, mas por quebra de estrutura. A questão estrutural será discutida mais tarde quando tratarmos de materiais viscoplásticos. Por enquanto, vamos apenas chamar a atenção para o aumento significativo da viscosidade de um valor de aproximadamente 30 Pa.s em $\dot{\gamma} = 30\text{s}^{-1}$ a 400 Pa.s em $\dot{\gamma} = 2000\text{s}^{-1}$, ou seja, um aumento da ordem de 10 vezes.

[8] Dados obtidos por alunos do curso de Introdução à Mecânica dos Fluidos Não Newtonianos ministrada no programa de pós-graduação em Engenharia Mecânica da Universidade Federal do Espírito Santo.

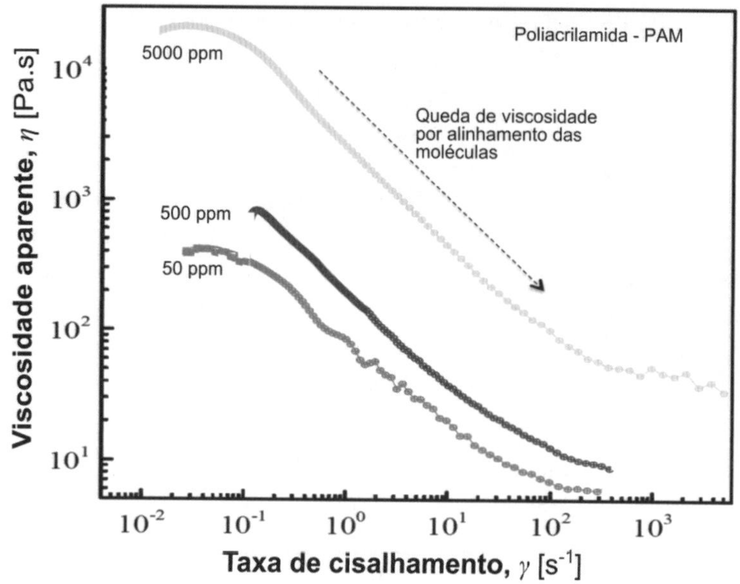

Figura 5.3 Viscosidade cisalhante em função da taxa de cisalhamento (soluções de PAM em água). Fonte: dados do Laboratório de Reologia da Universidade Federal do Espírito Santo.

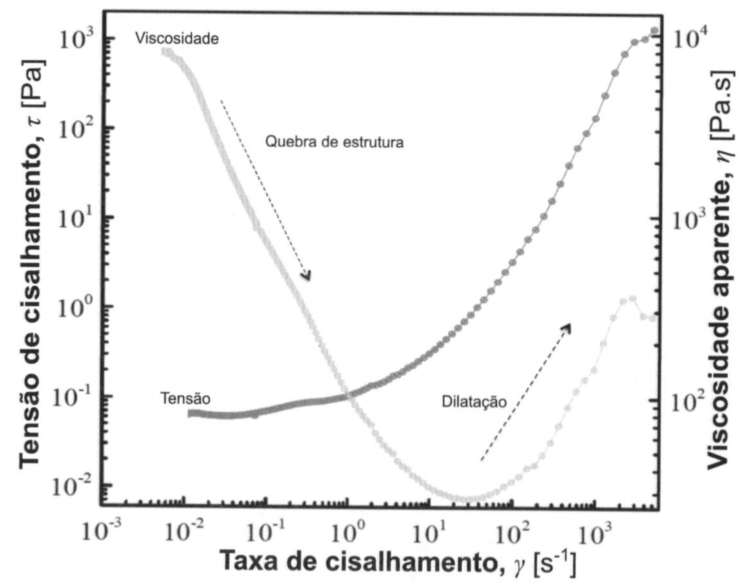

Figura 5.4 Viscosidade e tensão cisalhante em função da taxa de cisalhamento (solução de 50% maisena em água). Fonte: dados do Laboratório de Reologia da Universidade Federal do Espírito Santo.

5.2.1 O modelo *power-law*

O modelo mais simples de variação da viscosidade com a taxa de deformação é o chamado modelo *power-law*, ou modelo de Ostwald e de Waele (OSTWALD, 1925; WAELE, 1923), em que a viscosidade é simplesmente descrita por uma lei de potência, conforme Eq. (5.5):

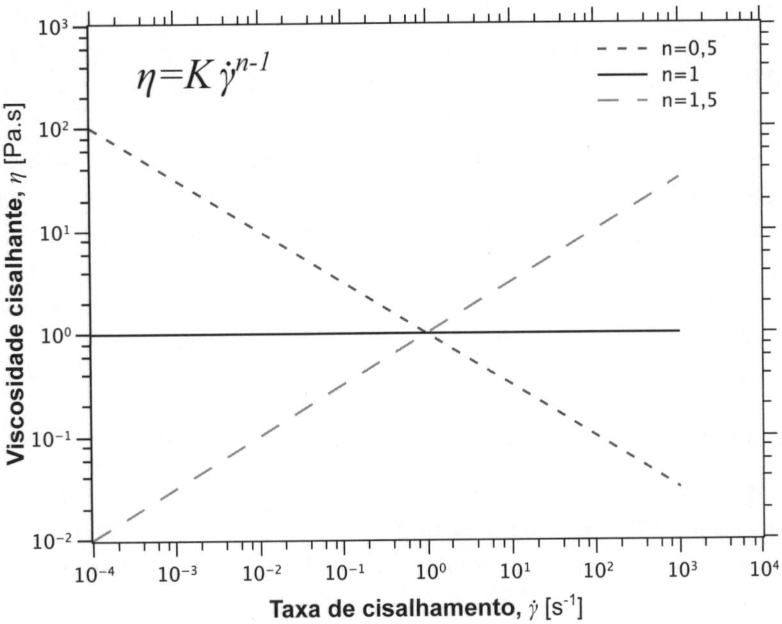

Figura 5.5 Viscosidade em função da taxa de cisalhamento: fluido afinante ($n = 0,5$); fluido newtoniano ($n = 1$); fluido dilatante ($n = 1,5$).

$$\eta(\dot{\gamma}) = K\dot{\gamma}^{n-1} \tag{5.5}$$

Onde $\dot{\gamma}$ é a intensidade da taxa de deformação. O termo K é o *índice de consistência* e n é o *índice de potência* ou, simplesmente, *índice power-law*. A Fig. 5.5 ilustra a variação da viscosidade com $\dot{\gamma}$ em um fluido do tipo *power-law*. Quando $n = 1$, o modelo recupera o caso newtoniano, e a viscosidade é constante com $\eta = K$, igual à unidade na figura. Quando $n < 1$, a viscosidade cai, e o modelo representa um fluido afinante, pseudoplástico. Caso contrário, quando $n > 1$, a viscosidade aumenta com a taxa de cisalhamento e, então, o modelo tenta simular um fluido dilatante. Como a Fig. 5.5 está em escala logarítmica em ambos os eixos, as funções *power-law*, representadas pela Eq. (5.5), para os diferentes valores de n são vistas como uma reta.

O modelo de Ostwald e de Waele é extremamente usado em diversas aplicações de engenharia, por representar de uma forma bem simples diversos fluidos típicos em processos industriais, sem deixar de ser, no mínimo, razoável. Entretanto, claramente o modelo apresenta dois limites críticos de viscosidade. Em fluidos afinantes, o modelo *power-law* prevê viscosidade tendendo ao infinito à medida que $\dot{\gamma}$ tende a zero e tendendo a zero à medida que $\dot{\gamma}$ tende ao infinito. Em fluidos dilatantes, as previsões são contrárias, com a viscosidade tendendo a zero quando $\dot{\gamma}$ tende a zero e a viscosidade tendendo ao infinito quando $\dot{\gamma}$ também tende ao infinito. Os casos com $n < 1$ são mais comuns em engenharia. Como mencionado anteriormente, quando $\dot{\gamma}$ assume valores bem pequenos, a viscosidade tende a valores extremos. Essa é a razão de chamar esses materiais de pseudoplásticos. Esses valores extremos de viscosidade não são comuns em materiais reais, exceto em materiais verdadeiramente viscoplásticos, que serão discutidos mais tarde. E ainda, quando a taxa de cisalhamento é muito grande, tende ao infinito, a viscosidade tende a zero e isso é menos real ainda. Veja novamente os dados de viscosidade da solução de PAM na Fig. 5.3, que mostra patamares de viscosidade η_0 em baixas taxas de cisalhamento e η_∞ em altas taxas. Obviamente, não existe fluido com viscosidade zero. Esses dois problemas são contornados com modelos um pouco mais elaborados, e um deles será mostrado logo adiante, em 5.2.2.

Escoamento desenvolvido de um fluido *power-law* em tubo

Vamos agora considerar o escoamento de um fluido do tipo *power-law* na região desenvolvida de um tubo. Como só o componente de tensão τ_{rz} é diferente de zero e $v_r = v_\theta = 0$, das equações de Cauchy em coordenadas cilíndricas, chega-se a:

$$\frac{\partial p}{\partial z} = \frac{1}{r}\frac{d}{dr}(r\tau_{rz}) \tag{5.6}$$

A partir do modelo FNG, representado pela Eq. (5.1), pode-se escrever:

$$\tau_{rz} = \eta(\dot{\gamma})\dot{\gamma}_{rz} \tag{5.7}$$

No escoamento desenvolvido, o único componente não nulo da taxa de deformação é $\dot{\gamma}_{rz} = \partial v_z/\partial r$ (Eq. (3.16) e Tab. 3.1). A Eq. (5.6), então, pode ser reescrita como:

$$\frac{\partial p}{\partial z} = \frac{1}{r}\frac{d}{dr}\left(r\eta(\dot{\gamma})\frac{dv_z}{dr}\right) \tag{5.8}$$

Agora, como a viscosidade é do tipo *power-law*, basta incluí-la na Eq. (5.8), mas ainda é importante chamar atenção de um pequeno detalhe. Da definição de intensidade de deformação, representada pela Eq. (3.18), encontra-se $\dot{\gamma} = |dv_z/dr|$. Portanto, a intensidade é um valor positivo! Não poderia ser diferente, pois a viscosidade, que é sempre positiva, é função da intensidade de deformação. No exercício em questão, $dv_r/dr < 0$, portanto, $\dot{\gamma} = -dv_z/dr$. Considerando tudo isso, a Eq. (5.8) é escrita como uma equação diferencial ordinária:

$$\frac{\partial p}{\partial z} = \frac{1}{r}\frac{d}{dr}\left[r\left(-K\frac{dv_z}{dr}\right)^{n-1}\frac{dv_z}{dr}\right] \tag{5.9}$$

A Eq. (5.9) pode ser facilmente integrada para se chegar ao perfil de velocidades do escoamento desenvolvido de fluido *power-law* em um tubo de diâmetro D, a partir da Eq. (5.10):

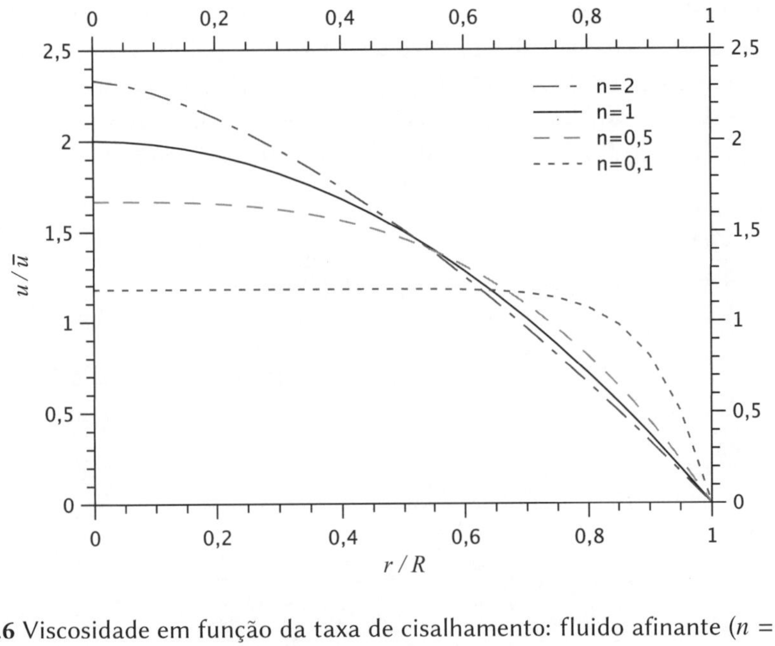

Figura 5.6 Viscosidade em função da taxa de cisalhamento: fluido afinante (n = 0,5 e 0,1); fluido newtoniano (n = 1); fluido dilatante (n = 2).

$$v_z(r) = -\left(\frac{1}{2K}\frac{\partial p}{\partial z}\right)^{\frac{1}{n}}\frac{R^{1+\frac{1}{n}}}{1+\frac{1}{n}}\left[1-\left(\frac{2r}{D}\right)^{1+\frac{1}{n}}\right] =$$

$$\left(\frac{3n+1}{n+1}\right)\bar{u}\left[1-\left(\frac{2r}{D}\right)^{1+\frac{1}{n}}\right] \tag{5.10}$$

Em que $\bar{u}$ é a velocidade média do escoamento. Quando $n = 1$, o caso newtoniano é recuperado. A Fig. 5.6 mostra o perfil de velocidades para diferentes valores do índice n. Quando $n = 1$, o perfil de velocidades é parabólico e $u_{max}/\bar{u} = 2$. Quando o índice *power-law* é reduzido, o perfil vai se achatando, tendendo a um perfil uniforme. A taxa de cisalhamento é pequena, próxima ao centro do tubo, em que a viscosidade tende a ser maior. Próximo à parede, $\dot{\gamma}$ é alto, e a viscosidade cai. Diametralmente oposto, o perfil se torna mais pontiagudo no centro do tubo quando n é maior que a unidade.

Vamos voltar agora à questão do número de Reynolds. Qual seria a forma de Re para o escoamento de um fluido *power-law* em um tubo? Usando a definição de (4.17), basta calcular a tensão na parede na região desenvolvida que depende da viscosidade e da taxa de deformação na parede. Como o fluido é do tipo *power-law*, a viscosidade na parede é $\eta_w = K\dot{\gamma}_w^{n-1}$. A taxa de deformação na parede se obtém diretamente do perfil de velocidades. Assim, a tensão na parede pode ser calculada como:

$$\tau_w = \eta(\dot{\gamma}_w)\dot{\gamma}_w = K\dot{\gamma}_w^n = K\left(\frac{3n+1}{n}\frac{\bar{u}}{R}\right)^n \tag{5.11}$$

O termo entre parênteses é a taxa de deformação na parede na região desenvolvida, que é igual a $8\bar{u}/D$ quando $n = 1$, caso newtoniano. O número de Reynolds então toma a seguinte forma:

$$Re_{pl} = \frac{8\rho\bar{u}^2}{K\left(\frac{3n+1}{n}\frac{\bar{u}}{R}\right)^n} = \frac{\rho\bar{u}D}{\left(\frac{3n+1}{4n}\right)\eta_w} \tag{5.12}$$

O que é digno de nota aqui é a existência do fator $\left(\frac{3n+1}{4n}\right)$. O mais intuitivo e frequentemente usado é adotar a viscosidade na parede como uma viscosidade característica do escoamento de um fluido *power-law* em tubo e desprezar o fator, mas essa definição não recupera, rigorosamente, o significado original de Re. Na verdade, a viscosidade característica é de fato $\eta_c = \frac{3n+1}{4n}\eta_w$. Definindo Re conforme a Eq. (5.12), o fator fRe continua sendo 64.

5.2.2 O modelo *Carreau-Yassuda*

Como já comentado na seção 5.2.1, os dois maiores defeitos do modelo *power-law* são as indicações equivocadas dos valores de viscosidade em altas e baixas taxas de cisalhamento. Esses problemas são corrigidos no modelo de *Carreau-Yasuda* (CY), Eq. (5.13), (CARREAU, 1968; YASUDA, 1979):

$$\eta = \eta_\infty + (\eta_0 - \eta_\infty)\left[1 + (\lambda_{CY}\dot{\gamma})^a\right]^{\frac{n-1}{a}} \tag{5.13}$$

Esse modelo de 5 parâmetros é muito mais flexível que o *power-law* e se ajusta muito bem a uma grande quantidade de dados experimentais. Diferente do *power-law*, o modelo CY prevê dois patamares constantes de viscosidade: η_0, quando a taxa de cisalhamento tende a zero, e η_∞, quando a taxa tende a infinito. A existência desses dois patamares reflete bem melhor as características físicas de fluidos reais. As Figs. 5.7, 5.8 e 5.9 mostram de forma qualitativa como os parâmetros n, a e λ_{CY} afetam as curvas de viscosidade CY.

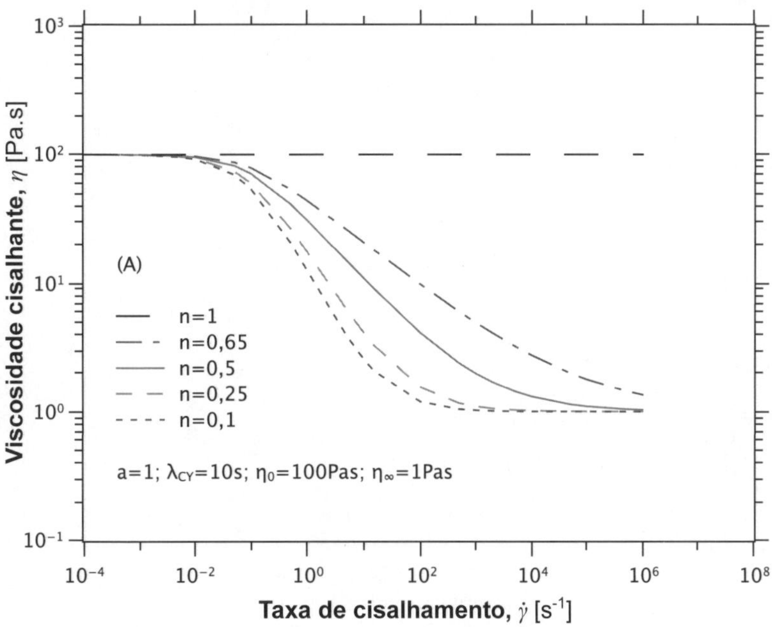

Figura 5.7 Viscosidade de um fluido Carreau-Yassuda em função da taxa de cisalhamento: influência do índice *power-law*.

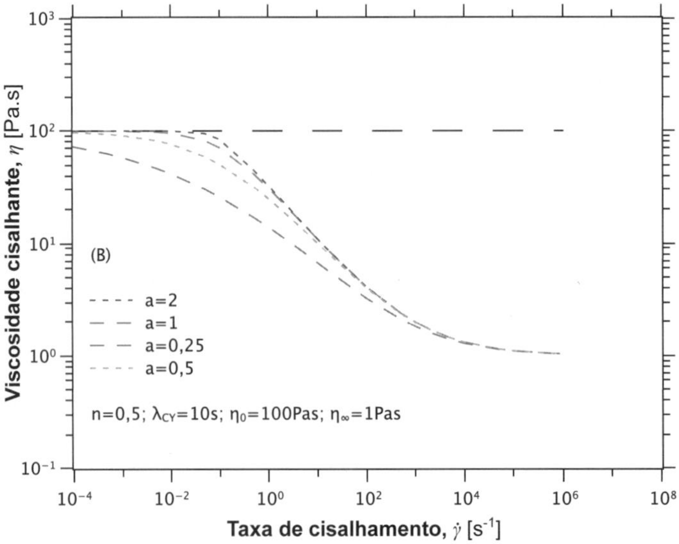

Figura 5.8 Viscosidade de um fluido Carreau-Yassuda em função da taxa de cisalhamento: influência do parâmetro a.

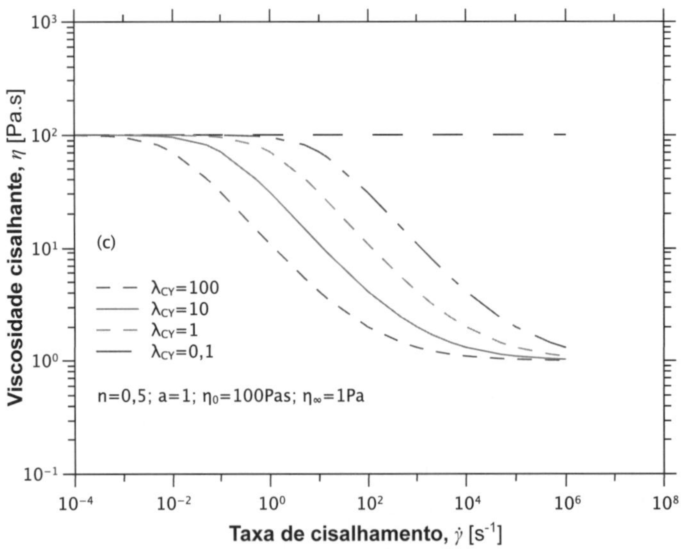

Figura 5.9 Viscosidade de um fluido Carreau-Yassuda em função da taxa de cisalhamento: influência de λ_{CY}.

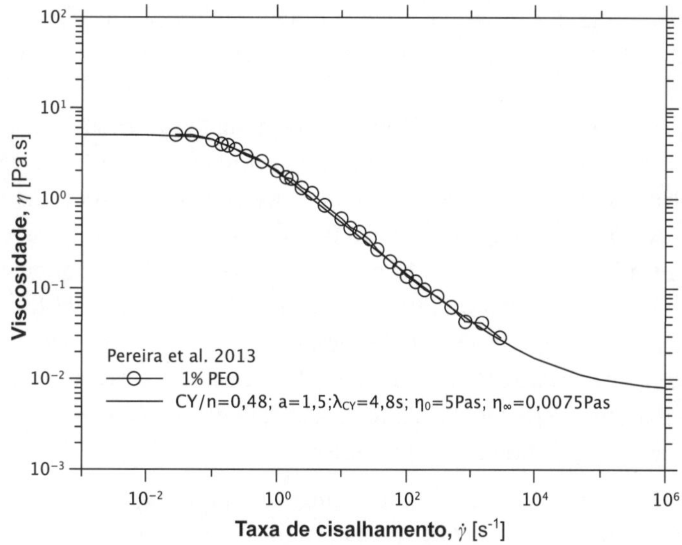

Figura 5.10 Viscosidade de um fluido Carreau-Yassuda em função da taxa de cisalhamento: curva ajustada com dados de soluções de 1% PEO. Fonte: elaboração própria (baseada em dados de Pereira, Andrade e Soares (2013)).

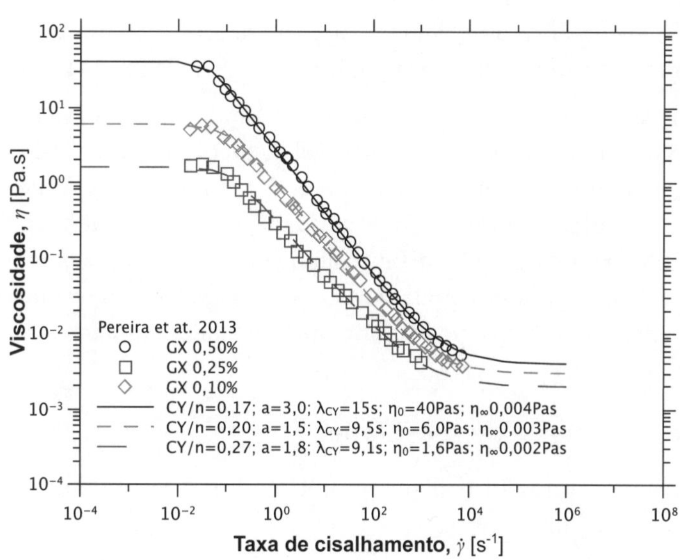

Figura 5.11 Viscosidade de um fluido Carreau-Yassuda em função da taxa de cisalhamento: curvas ajustadas com dados de soluções de XG. Fonte: elaboração própria (baseada em dados de Pereira, Andrade e Soares (2013)).

Como mostra a Fig. 5.7, o índice n determina a inclinação da curva entre os dois níveis de viscosidade. Quando $n = 1$, o caso newtoniano é recuperado e, à medida que o índice é reduzido, a queda de viscosidade se torna mais acentuada. Esse efeito é similar ao que se obtém com o modelo *power-law*, razão pela qual esta região se chama queda de viscosidade de região *power-law*. O parâmetro a descreve a transição da região de taxa de cisalhamento próxima de zero até a região *power-law* (Fig. 5.8). É também comum simplesmente usar $a = 2$, que é a forma originalmente proposta por Carreau (1968). O parâmetro a só foi introduzido mais tarde por Yasuda (1979). Finalmente, o efeito de λ_{CY} no modelo CY é mostrado na Fig. 5.9. Apesar de ser comum escrever o modelo em termos de λ_{CY}, que tem dimensão de tempo, parece ser mais razoável olhar para $\frac{1}{\lambda_{CY}}$, que pode ser interpretada como uma taxa de deformação característica, cujo efeito pode ser visto claramente na Fig. 5.9 como a taxa de deformação em que a viscosidade começa a se descolar do patamar newtoniano η_0.

As Figs. 5.10 e 5.11 mostram, respectivamente, dados experimentais de óxido de polietileno (PEO) e goma xantana (GX), bem ajustados com o modelo de Carreau-Yassuda – dados extraídos (PEREIRA; ANDRADE; SOARES, 2013). A viscosidade da solução de 1% em massa de PEO (Fig. 5.10) cai mais de duas ordens de grandeza com o aumento de $\dot{\gamma}$. Essa queda é ainda mais dramática na solução de $0,5\%$ em massa de GX (Fig. 5.11), em que a viscosidade é reduzida de 40 Pa.s para 0,004 Pa.s, ou seja, 10.000 vezes, um efeito afinante incrível. Diversas outras soluções poliméricas exibem quedas significativas de viscosidade. Obviamente, o modelo CY também descreve efeitos dilatantes. Nesses casos, o η_∞ é maior que o η_0. Os outros parâmetros agem da mesma forma no modelo.

Não há solução analítica de um escoamento do fluido de CY, mesmo em problemas simples como o escoamento desenvolvido em tubos ou placas paralelas. Entretanto, ele tem uma grande vantagem comparado ao *power-law* em soluções numéricas, por não apresentar valores nulos ou infinito de viscosidade, o que claramente gera incertezas numéricas, além da já mencionada incompatibilidade física. Consequentemente, não é possível uma expressão para *Re* como no caso *power-law*, como havíamos comentando anteriormente, mas o parâmetro pode ser sempre avaliado *a posteriori*.

5.2.3 Outras funções da viscosidade

Existem diversas outras formas de $\eta(\dot{\gamma})$. Uma interessante e útil é a *power-law* truncada, que tem a seguinte forma:

$$\left\{ \begin{array}{ll} \eta = \eta_0 & ; \text{ se } \ (\dot{\gamma} \leq \dot{\gamma}_0) \\ \eta = \eta_0 \left(\dfrac{\dot{\gamma}}{\dot{\gamma}_0} \right)^{n-1} & ; \text{ se } \ (\dot{\gamma} \geq \dot{\gamma}_0) \end{array} \right\}$$

Esse modelo pode ser também chamada de biviscosidade. Atribui-se um valor de viscosidade constante η_0 ao fluido em baixas taxas de cisalhamento ($\dot{\gamma} \leq \dot{\gamma}_0$). Em taxas mais elevadas ($\dot{\gamma} \geq \dot{\gamma}_0$), o modelo é semelhante ao *power-law*, e a viscosidade cai com $\dot{\gamma}$. O termo $\dot{\gamma}_0$ é precisamente o valor da taxa de cisalhamento quando a viscosidade começa a cair. Ele tem o mesmo efeito do termo $\frac{1}{\lambda_{CY}}$ do modelo CY, mas com um grande inconveniente: a derivada da viscosidade nesse ponto não é contínua.

Uma função bem diferente das demais é a do modelo de Ellis (REINER, 1964, p. 246; BIRD; ARMSTRONG; HASSAGER, 1987, p. 237):

$$\frac{\eta_0}{\eta} = 1 + \left(\frac{\tau}{\tau_{1/2}}\right)^{\alpha-1} \tag{5.14}$$

Em que $\tau_{1/2}$ é a intensidade da tensão quando $\eta = \eta_0/2$. Diferente dos demais modelos, esse escreve a viscosidade em função da tensão, em vez da taxa de cisalhamento. De fato, essa abordagem não é muito comum.

A última função que vamos destacar aqui é a equação de Eyring (KINCAID; EYRING; STEAN, 1941; POWELL; EYRING, 1944; REE; REE; EYRING, 1958; SUTTERBY, 1965; SUTTERBY, 1966), que foi, segundo Bird, Armstrong e Hassager (1987), a primeira função $\eta(\dot{\gamma})$ obtida a partir de um teoria molecular:

$$\eta = \lambda_0 \left(\frac{\text{arcsenh}(\lambda_0\dot{\gamma})}{\lambda_0\dot{\gamma}}\right)^{\alpha} + \eta_0 \tag{5.15}$$

Em que λ_0 é uma constante de tempo.

5.3 FLUIDOS VISCOPLÁSTICOS

Os materiais viscoplásticos têm sido estudados há muitos anos pela comunidade de pesquisadores em reologia, o que não é surpreendente, uma vez que são extremamente comuns em inúmeras aplicações. Materiais viscoplásticos podem ser extremamente complexos, exibindo uma série de manifestações não newtonianas, sendo a mais importante a existência de uma tensão característica, sempre relacionada com o estado estrutural do material. A dependência com o tempo, por exemplo, não é rara e merece ser tratada com muito cuidado. Portanto, fluidos viscoplásticos são materiais com estrutura (discutiremos com mais detalhes esse ponto no Capítulo 8).

Entre os materiais comuns com características viscoplásticas podem-se citar os cosméticos (cremes e *shampoos*), alimentos (maionese, chocolate, sorvete), fluidos naturais (neve, lama, lava vulcânica) e muitos outros. Nesta seção, vamos considerar a categoria mais simples de fluidos viscoplásticos, aqueles independentes do tempo. Esse grupo de materiais pode ser modelado como FNG, e, como os pseudoplásticos, as características que os diferenciam do fluido newtoniano são a viscosidade variável com a taxa de deformação e a existência de uma tensão característica.

5.3.1 Fluido plástico de Bingham

A ideia mais difundida de mateial viscoplástico foi apresentada por Bingham (1922). Segundo o modelo proposto pelo autor, um material viscoplástico só se deforma quando a tensão aplicada a ele excede certo valor limite, característico de cada material. Quando as tensões aplicadas são inferiores ao valor limite, o material permanece em uma configuração não deformada. Tudo se passa como se a viscosidade do material fosse infinita sob tensões inferiores ao valor limite, comumente chamada de *tensão limite de cisalhamento* ou tensão de cedência (em inglês: *yield-stress*). A viscosidade do modelo proposto por Bingham tem a seguinte forma:

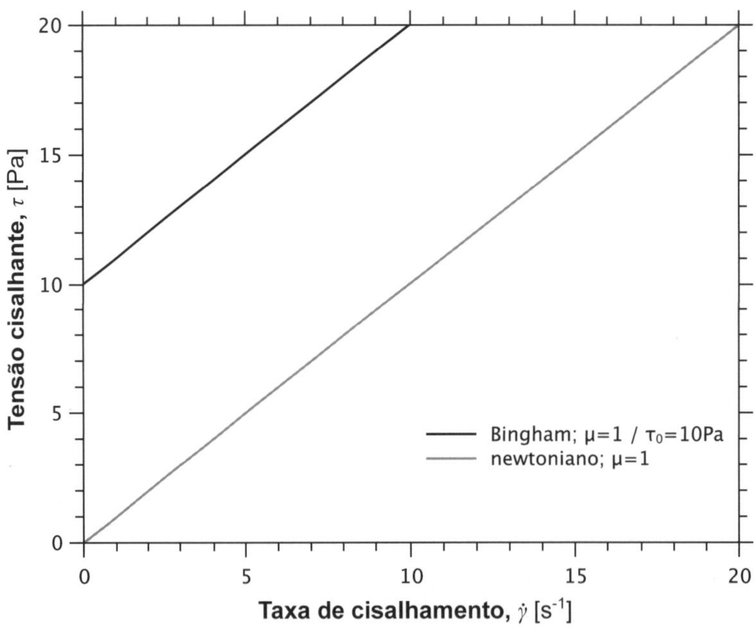

Figura 5.12 Tensão cisalhante em função da taxa de cisalhamento dada pelo modelo de Bingham.

$$\left\{ \begin{array}{ll} \eta = \dfrac{\tau_0}{\dot{\gamma}} + \mu_p & ; \text{ se } \tau \geq \tau_0 \\ \eta = \infty & ; \text{ se } \tau < \tau_0 \end{array} \right\} \tag{5.16}$$

Aqui, τ_0 é a tensão limite de cisalhamento, μ_p é a viscosidade plástica e $\dot{\gamma}$ é a intensidade da taxa de deformação. Ao multiplicar a Eq. (5.16) pela intensidade da taxa de deformação, obtém-se o modelo na forma de tensão:

$$\left\{ \begin{array}{lcl} \tau = \tau_0 + \mu_p \dot{\gamma} & ; & \text{se } \tau \geq \tau_0 \\ \dot{\gamma} = 0 & ; & \text{se } \tau < \tau_0 \end{array} \right\} \tag{5.17}$$

A Fig. 5.12 mostra a curva de tensão em função da taxa de deformação para um fluido de Bingham e um fluido newtoniano com a mesma viscosidade (μ = 1 Pa.s). Obviamente, as duas curvas são paralelas e se diferem pelo ponto em que interceptam o eixo das tensões. Enquanto para o fluido newtoniano a curva passa pelo origem, no caso do fluido de Bingham a curva encontra o eixo das tensões em $\tau = \tau_0$.

Escoamento desenvolvido de um fluido de Bingham em tubo

Vamos considerar agora o escoamento desenvolvido de um fluido de Bingham em um tubo, conforme o esquema da Fig. 5.13. Esse exemplo permite mostrar uma característica muito particular dos materiais viscoplásticos: a divisão do domínio entre duas regiões bem distintas, a cisalhada e a não cisalhada. Como já discutido, o escoamento desenvolvido é unidimensional e todas as variáveis (tensão e velocidade) dependem só do raio. Então, temos que considerar que a tensão pode assumir qualquer valor entre zero e um valor máximo, dependendo do gradiente de pressão imposto ao escoamento ($\tau_{rz} = r/2(\partial p/\partial z)$). Assim, supondo que haja escoamento, devem existir duas regiões: uma em que $\tau \geq \tau_0$ e outra em que $\tau < \tau_0$. Ainda, em algum lugar (Fig. 5.13, em $r = \xi R$) a tensão deve ser igual a τ_0. Portanto, todos os problemas que envolvem a existência de uma tensão limite de escoamento dependem, primordialmente, da identificação da região do domínio em que $\tau = \tau_0$. Isso não é uma tarefa trivial em problemas complexos, mas, no caso simples em questão, a posição radial ξR é facilmente obtida do campo de tensões do escoamento desenvolvido no tubo, igualando r a ξR. Então, chega-se ao valor de ξ:

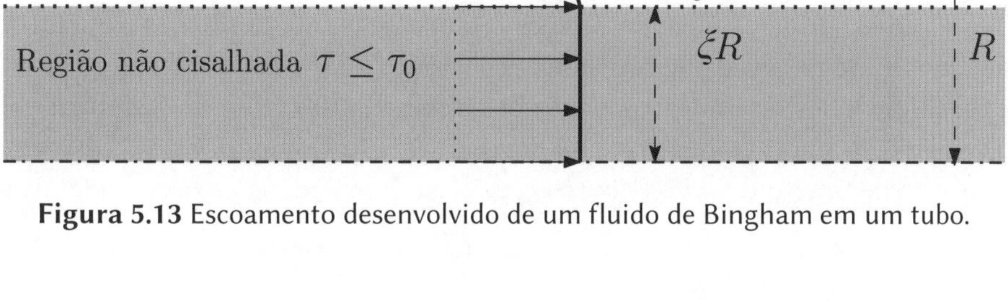

Figura 5.13 Escoamento desenvolvido de um fluido de Bingham em um tubo.

$$\xi = \tau_0 / \left(\frac{R}{2} \frac{\partial p}{\partial z} \right) \tag{5.18}$$

Na região não cisalhada ($r \leq \xi R$), o fluido escoa como se fosse um sólido, de forma pistonada, com velocidade constante. O termo ξR é a medida exata do tamanho do pistão. Se τ_0 for muito grande, o tamanho do pistão pode chegar próximo ao raio do tubo, até impedir totalmente o escoamento. Pode-se dizer nesse caso que há um bloqueio do escoamento. Por outro lado, se a pressão for muito grande, mesmo sendo o material viscoplástico, ξR pode ser muito pequeno, chegando quase a zero. Nesse caso, o material escoaria como se fosse um fluido newtoniano. Esse ponto é sem dúvida digno de nota, uma vez que fica claro que o adimensional ξ é fundamental para a análise do escoamento em questão. Pode-se dizer então, sem sombra de dúvida, que o importante para distinguir um comportamento viscoplástico de um newtoniano é a relação entre τ_0 e $\partial p / \partial z$, dada pela Eq. (5.18). De forma geral, em todos escoamentos de materiais viscoplásticos, deve-se procurar uma relação entre as forças plásticas e forças originárias da dinâmica do escoamento.

A Fig. 5.14 é um esquema cuidadosamente baseado nas simulações numéricas de Freitas, Soares e Thopson (2013) que mostra o campo de região cisalhada (parte branca) e não cisalhada (parte preta), quando dois fluidos viscoplásticos escoam em um tubo capilar. O termo τ_0' tem a mesma natureza de ξ: é um adimensional que mede quão plástico é o material, (vamos discutir isso com um pouco mais de detalhes em 5.3.5). No fluido 2, $\tau_0' = 0,4$ foi mantido constante na figura, enquanto no fluido 1 o termo varia. À medida que se aumenta τ_0', a região preta, não cisalhada, também aumenta, como é de se esperar.

A Fig. 5.15 é um esquema baseado em um estudo experimental conduzido por Mendes et al. (2007) de escoamento de Carbopol[9] (fluido viscoplástico) em uma expansão seguida por uma contração. Como na figura anterior, a cor branca indica material cisalhado, enquanto a preta indica material não cisalhado. No centro da geometria, o material escoa (região cisalhada) e, nas bordas o material, está praticamente parado (região não cisalhada). À medida que a tensão limite de cisalhamento aumenta, da esquerda para a direita, a região não cisalhada aumenta. Os esquemas de simulações numéricas em Fig. 5.14 e de visualizações em Fig. 5.15 ilustram muito bem a questão das duas regiões características de escoamento de materiais viscoplásticos.

Depois de examinar a ideia de regiões cisalhadas e não cisalhadas características de escoamento de materiais viscoplásticos, podemos continuar a análise para obter o perfil de velocidades de um escoamento desenvolvido de fluido de Bingham em um tubo. Vamos considerar primeiro o caso em que $r \geq \xi R$. Como no caso do escoamento desenvolvido de um fluido *power-law* (seção 5.2), a intensidade da taxa de deformação

[9] Carbopol é um polímero de ácido acrílico reticulado (carbômero), de alto peso molecular, solúvel em água, usado para a formação de géis.

também é $\dot{\gamma} = -dv_z/dr$. Assim, do modelo de Bingham, a viscosidade é calculada como $\eta = \tau_0/(-dv_z/dr) + \mu_p$. A Eq. (5.6), então, toma a seguinte forma:

$$\frac{\partial p}{\partial z} = \frac{1}{r}\frac{d}{dr}\left[r\left(\frac{-\tau_0}{(dv_z/dr)} + \mu\right)\frac{dv_z}{dr}\right] \tag{5.19}$$

A Eq. (5.19) pode ser facilmente integrada para chegar ao perfil de velocidades para a região $\xi R \leq r \leq R$, tendo como condições de contorno velocidade nula na parede e tensão finita:

$$v_z(r) = \frac{-R^2}{4\mu}\frac{\partial p}{\partial z}\left[1 - \left(\frac{r}{R}\right)^2\right] - \frac{R\tau_0}{\mu}\left[1 - \frac{r}{R}\right] \tag{5.20}$$

A velocidade do pistão é obtida igualando r e ξR:

$$v_p = \frac{-R^2}{4\mu}\frac{\partial p}{\partial z}(1 - \xi)^2 \tag{5.21}$$

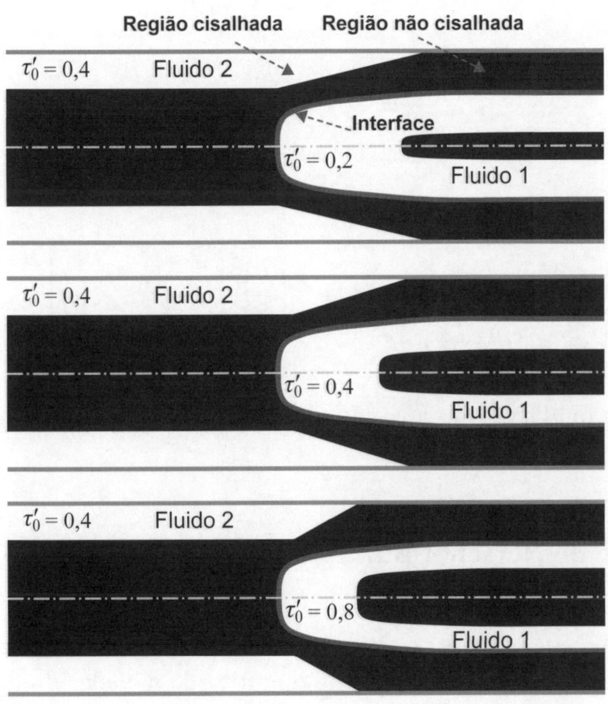

Figura 5.14 Escoamento de dois fluidos viscoplásticos em um tubo capilar. Fonte: elaboração própria (esquema construído com base em resultados de Freitas, Soares e Thopson (2013)).

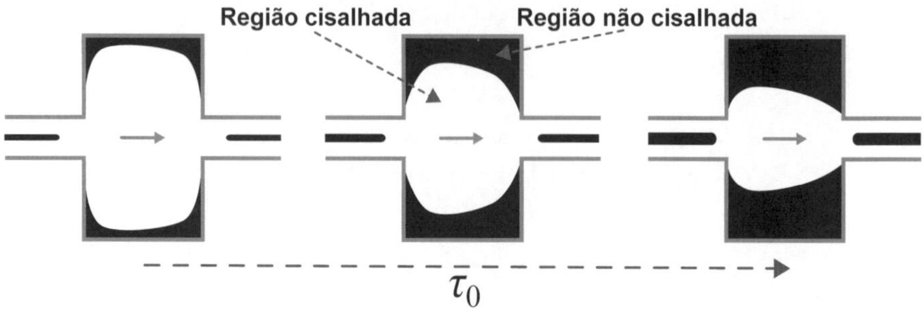

Figura 5.15 Escoamento de Carbopol em uma expansão seguida de contração. Fonte: elaboração própria (esquema construído com base em resultados de Mendes et al. (2007)).

Às vezes é interessante escrever a velocidade em uma forma adimensional, e o mais comum é usar a velocidade média $\bar{u}$ como velocidade característica. A Eq. (5.20) pode ser integrada na área e $\bar{u}$ pode ser obtido sem grande esforço ($\bar{u} = (1/A)\int_A v_z(r)dA$). De posse da expressão da velocidade média, pode-se reescrever as Eqs. (5.20) e (5.21) em suas formas adimensionais:

$$\frac{v_p}{\bar{u}} = \frac{2(1-\xi)^2}{1 - \frac{4}{3}\xi + \frac{1}{3}\xi^4} \tag{5.22}$$

$$\frac{v_z(r)}{\bar{u}} = \frac{2}{1 - \frac{4}{3}\xi + \frac{1}{3}\xi^4}\left\{\left[1 - \left(\frac{r}{R}\right)^2\right] - 2\xi\left(1 - \frac{r}{R}\right)\right\} \tag{5.23}$$

É fácil enxergar que, se ξ for zero, a velocidade máxima é duas vezes $\bar{u}$, um caso newtoniano.

5.3.2 Modelo de Herschel-Bulkley

A intensidade da tensão aumenta linearmente com a taxa de cisalhamento nos fluidos de Bingham quando $\tau \geq \tau_0$. Isso não, necessariamente, representa bem os fluidos viscoplásticos reais. Um passo adiante na tentativa de modelar fluidos viscoplásticos foi introduzido por Winslow Herschel e Rolald Bulkley, em 1926. O modelo Herschel-Bulkley tem a seguinte forma:

$$\left\{\begin{array}{ll} \eta = \dfrac{\tau_0}{\dot{\gamma}} + K\dot{\gamma}^{n-1} & ; \; se \;\; \tau \geq \tau_0 \\ \eta = \infty & ; \; se \;\; \tau < \tau_0 \end{array}\right\} \tag{5.24}$$

Aqui, K é o índice de consistência e n o índice de potência (semelhantes ao caso *power-law*). Portanto, esse modelo tem três parâmetros não newtonianos, dependendo dos valores de n e τ_0: a) fluido *power-law* ($\tau_0 = 0$) ; b) fluido de Bingham ($n = 1$); c) fluido newtoniano ($\tau_0 = 0$ e $n = 1$). Como no caso anterior, essa equação também pode ser escrita em termos da intensidade da tensão, como se segue:

$$\left\{\begin{array}{ll} \tau = \tau_0 + K\dot{\gamma}^n & ; \; se \;\; \tau \geq \tau_0 \\ \dot{\gamma} = 0 & ; \; se \;\; \tau < \tau_0 \end{array}\right\} \tag{5.25}$$

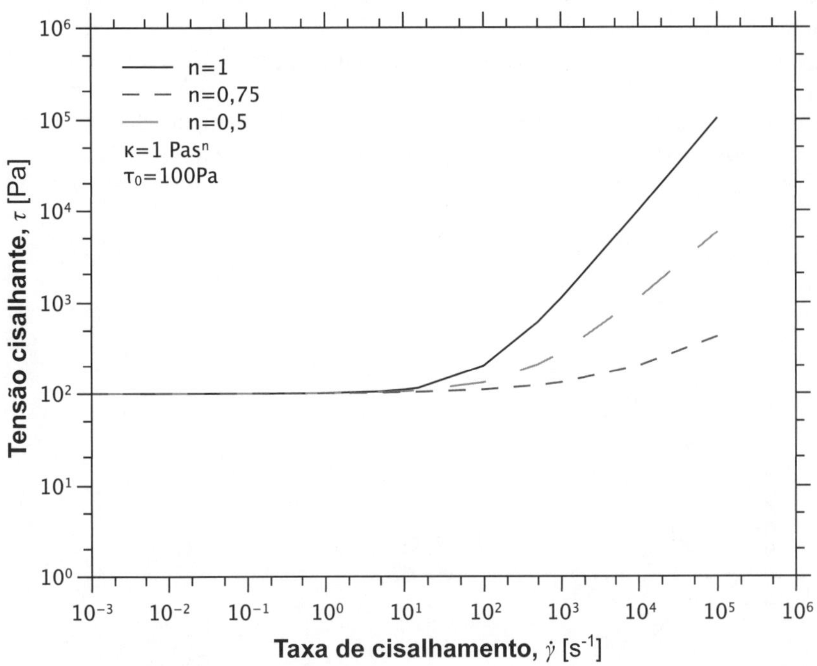

Figura 5.16 Tensão cisalhante em função da taxa de cisalhamento dada pelo modelo de fluido Herschel-Bulkley: influência do índice *power-law*.

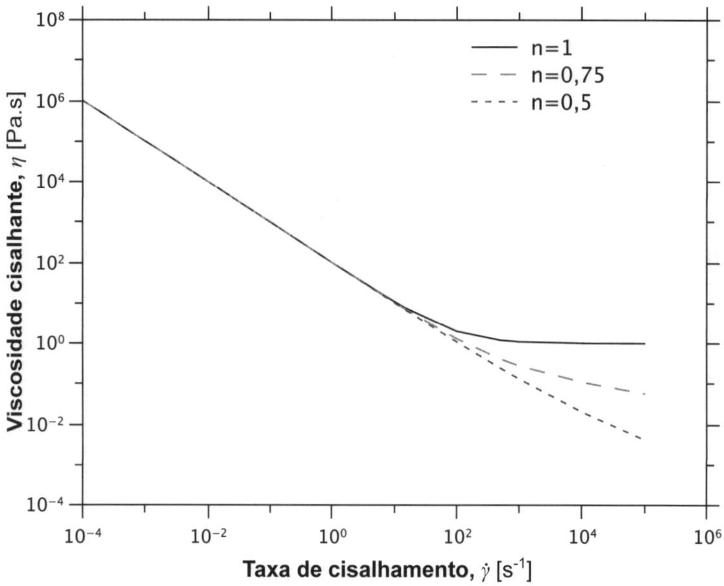

Figura 5.17 Viscosidade cisalhante em função da taxa de cisalhamento dada pelo modelo de fluido Herschel-Bulkley: influência do índice *power-law*.

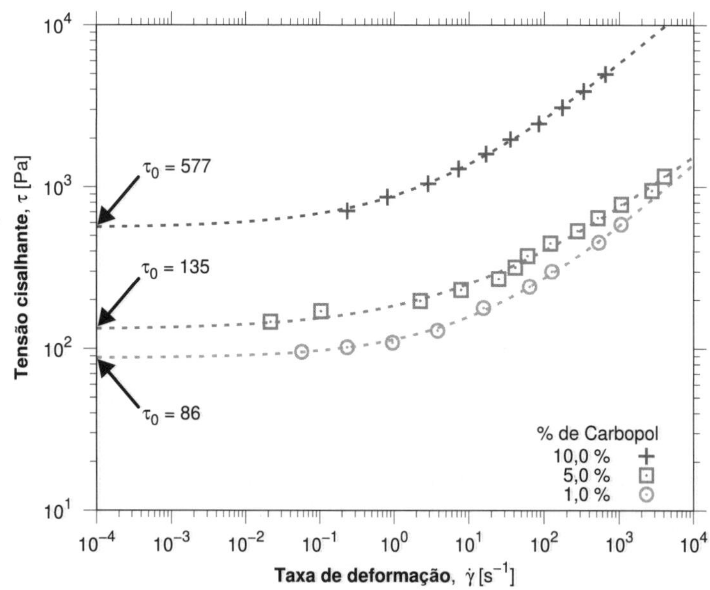

Figura 5.18 Tensão cisalhante em função da taxa de cisalhamento para soluções de Carbopol. Fonte: elaboração própria (baseada em dados de Dalla, Soares e Siqueira (2018)).

As Figs. 5.16 e 5.17 mostram, respectivamente, a intensidade da tensão e a viscosidade de um fluido Herschel-Bulkley variando com a taxa de deformação para três valores do índice de potência: $n = 1; 0,75; 0,5$. Em escala logarítmica, é claro que as curvas de tensão tendem à *tensão limite de escoamento* τ_0 quando $\dot{\gamma}$ tende a zero. Nesse mesmo nível de deformação ($\dot{\gamma} \approx 0$), a viscosidade tende a um valor infinito. Por outro lado, quando $\dot{\gamma} \longrightarrow \infty$, a viscosidade do fluido de Herschel-Bulkley tende a zero. Do ponto de vista físico, a viscosidade infinita já é questionável. Pior ainda, é viscosidade tendendo a zero, o que não é razoável. Em outras palavras, as evidências experimentais não corroboram esses limites, impondo a necessidade de outros modelos.

A Fig. 5.18, construída com base em dados extraídos de Dalla, Soares e Siqueira (2018), mostra a tensão cisalhante em função da taxa de cisalhamento para soluções de Carbopol. As curvas foram bem ajustadas com o modelo Herschel-Bulkley, que captura muito bem a tendência do material, principalmente em altas taxas de cisalhamento. Em geral, dados em $\dot{\gamma}$ muito baixos, menores que $10^{-4}s^{-1}$, são muito polêmicos. Há autores que defendem a idéia de que o material escoa como se fosse um fluido newtoniano nessa região e que, de fato, não existiria uma verdadeira tensão limite de escoamento (veja o interessante artigo de Barnes e Walters (1985)). Essa ideia, apesar de muito plausível é ainda muito combatida por alguns grupos (BONN et al., 2017). De qualquer forma, dados de viscosidade ou tensão em taxas de cisalhamento muito baixas são realmente difíceis de serem obtidos. Nessa região há muito escorregamento (discutido no Capítulo 9), efeitos elásticos, além da controvérsia da existência ou não de τ_0. Portanto, é mais seguro mostrar resultados em taxas maiores $10^{-4}s^{-1}$, como na Fig. 5.18.

5.3.3 Modelo de Papanastasiou

Existe uma classe de modelos que pode ser chamada de *modelos de plasticidade aparente*. O mais comum e largamente utilizado é o *modelo de Papanastasiou* (PAPANASTASIOU, 1987). O autor propôs, originalmente, uma regularização para o modelo de Bingham, em que a viscosidade é expressa por uma função contínua. Essa regularização pode ser extrapolada para o modelo Herschel-Bulkley que toma a forma da Eq. (5.26):

$$\eta = (1 - exp(-m\dot{\gamma}))\frac{\tau_0}{\dot{\gamma}} + K\dot{\gamma}^{n-1} \tag{5.26}$$

O parâmetro m não tem, em princípio, significado físico. É mais intuitivo interpretar os modelos viscoplásticos ou os aparentemente viscoplásticos em termos da intensidade da tensão, como:

$$\tau = (1 - exp(-m\dot{\gamma}))\tau_0 + K\dot{\gamma}^n \tag{5.27}$$

Como no modelo Herschel-Bulkley, τ_0 é a tensão limite de cisalhamento, K é o índice de consistência do material e n é o índice *power-law*. As Eqs. (5.26) e (5.27) foram propostas por Papanastasiou (1987) como alternativas aos modelos de Bingham, Eqs. (5.16) e (5.17), e Herschel-Bulkley, Eqs. (5.25) e (5.25), que possuem derivadas descontínuas, o que é indesejável em simulações numéricas, por exemplo. Na verdade, em geral, é muito difícil implementar numericamente os modelos de Herschel-Bulkley ou Bingham, por conta do surgimento de viscosidade infinita em baixas taxas de cisalhamento e próxima de zero em altas taxas de cisalhamento, o que, às vezes, impõe o uso de modelos alternativos para simular o escoamento de um material com plasticidade; e o modelo de Papanastasiou é, sem dúvida, um dos mais utilizados. Vale observar que é possível implementar, de fato, modelos realmente viscoplásticos (Herschel-Bulkley e Bingham), mas o custo computacional é, em geral, muito grande. Recentemente, alguns pesquisadores têm trabalhado com intuito de reduzir esses custos e melhorar o processo de convergência. Saramito e Wachs (2017) discute o progresso em simulação de escoamentos de materiais viscoplástico, destacando as diferenças entre as duas abordagens: usando modelos regularizados (Papanastasiou e outros) e algoritmos lagrangeanos. Alguns trabalhos recentes que usam essa técnica são Huigol e You (2005), Liu, Balmforth e Hormozi (2018), Moyers-Gonzalez e Frigaard (2004), Ionescu et al. (2015), Saramito (2016). Mas, por fim, é realmente costumeiro usar modelos regularizados, como a Eq. (5.26), como em Nouar et al. (1995), Soares, Naccache e Mendes (1999), Ellwood et al. (1990), Soares, Naccache e Mendes (2003), Sousa et al. (2007), Kfuri et al. (2011), Freitas, Soares e Thompson (2011), Ramos, Soares e Thompson (2013), Kfuri et al. (2016) e muito outros.

A Fig. 5.19 mostra a intensidade da tensão em função da taxa de deformação. A linha preta contínua representa um fluido de Bingham, enquanto as linhas coloridas tracejadas, os fluidos de Papanastasiou com diferentes valores do parâmetro de ajuste m. À medida que os valores de m aumentam, o modelo de Papanastasiou se aproxima de Bingham. Portanto, quando m tende ao infinito (na verdade, um valor suficientemente grande), os dois modelos são, em princípio, equivalentes. É importante observar que o valor de m adequado (suficientemente grande) varia de caso a caso. Portanto, o pesquisador deve sempre, de forma preliminar, estudar a influência de m no caso específico, antes de concluir qual valor usar em seus estudos principais. Esse é um, vamos dizer, "defeito do modelo": a existência de um parâmetro artificial, sem significado físico.

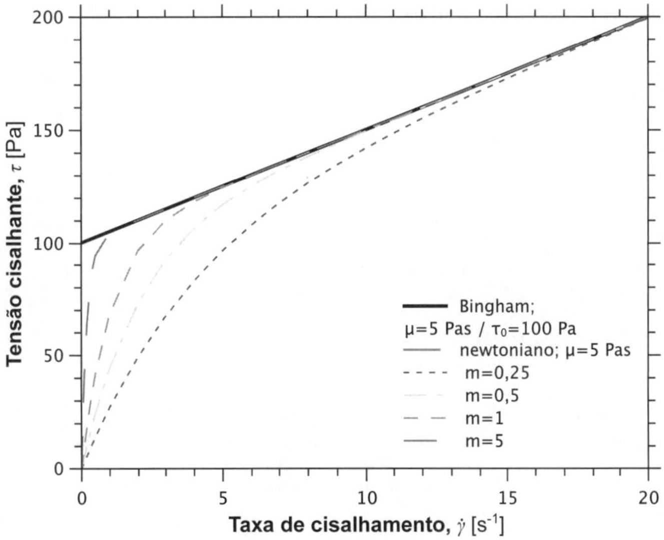

Figura 5.19 Intensidade da tensão em função da taxa de cisalhamento para o modelo de Papanastasiou: influência do parâmetro de regularização *m*.

5.3.4 Modelo SMD

Outro modelo de fluido que também se enquadra na classe de modelos regularizados ou de viscoplasticidade aparente é o SMD, proposto por Souza Mendes e Dutra (2004), em que a função viscosidade tem a seguinte forma:

$$\eta = \left(1 - exp(-\frac{\eta_0}{\tau_0}\dot{\gamma})\right)\left(\frac{\tau_0}{\dot{\gamma}} + K\dot{\gamma}^{n-1}\right) \tag{5.28}$$

Diferente do modelo de Papanastasiou, todos os termos dessa equação têm um interpretação física, que são diretamente extraídos da curva de escoamento, como mostra a Fig. 5.20, em termos de intensidade da tensão *versus* taxa de deformação. A intensidade da tensão é obtida multiplicando a Eq. (5.28) pela intensidade da taxa de deformação, chegando a:

$$\tau = \left(1 - exp(-\frac{\eta_0}{\tau_0}\dot{\gamma})\right)(\tau_0 + K\dot{\gamma}^n) \tag{5.29}$$

Nas Eqs. (5.28) e (5.29), η_0, τ_0, K e n são as propriedades reológicas do material que estão explícitas na Fig. 5.20.

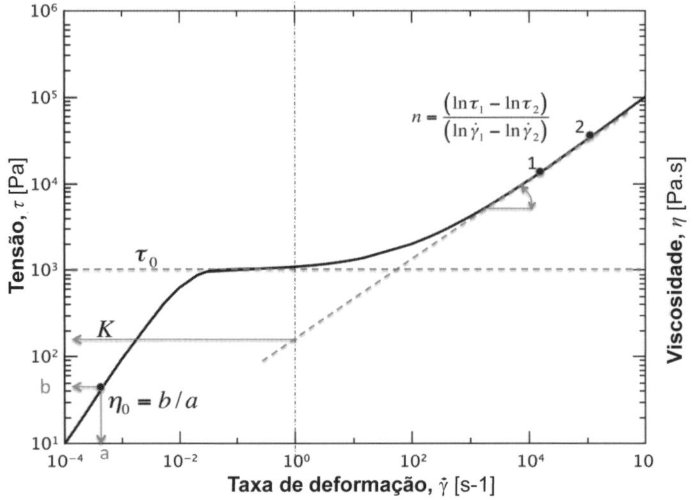

Figura 5.20 Tensão cisalhante em função da taxa de deformação. Fonte: elaboração própria (baseada em dados de Mendes e Dutra (2004)).

O parâmetro adicional do modelo SMD em comparação com o modelo de Papanastasiou é η_0, um patamar de viscosidade constante em condições de baixa taxa de cisalhamento. A incorporação desse termo para representar um material viscoplástico segue a mesma ideia em Barnes e Walters (1985). O autor considera que, em baixas taxas de cisalhamento, o material de fato escoa, mas com uma viscosidade muito alta. Aqui é importante ressaltar que, no modelo SMD, ou qualquer outro modelo que supõe um patamar newtoniano de viscosidade em baixas taxas de cisalhamento, τ_0 tem um significado físico diferente dos modelos clássicos de materiais viscoplásticos, que preveem uma taxa de deformação nula quando tensões menores que o limite de cisalhamento são aplicadas.

Como já dito, no modelo SMD, o material escoa muito lentamente quando tensões menores que τ_0 são aplicadas. Esse comportamento newtoniano do material nessa região de tensão abaixo de τ_0, traduzido em uma viscosidade muito grande, é diretamente obtido da inclinação da curva SMD, $\eta_0 = b/a$. Como mostra a Fig. 5.20, quando a tensão atinge o valor crítico τ_0, a taxa de deformação aumenta de repente, na referida figura de aproximadamente 10^{-2} a 1 s^{-1}. Esse salto de deformação caracteriza a desestruturação do material, que passa a escoar como um fluido viscoso. A tensão crítica é lida na curva de escoamento na região em que $d(\ln \tau)/d(\ln \dot{\gamma})$ tende a zero, linha pontilhada verde na Fig. 5.20. Os parâmetros K e n têm os mesmos significados físicos dos modelos de Herschel-Bulkley e Papanastasiou. K é o índice de consistência do material na região *power-law*, a linha pontilhada vermelha. Nessa região, a relação entre tensão e taxa de deformação é aproximadamente $\tau = K\dot{\gamma}^n$. Portanto, se atribuirmos 1 à $\dot{\gamma}$, o valor de K se iguala ao da tensão. Então, na Fig. 5.20, K é o valor da tensão no ponto de interseção entre a reta paralela e o eixo das tensões, que passa por $\dot{\gamma}$ =1 (linha pontilhada preta) e a curva *power-law* (linha pontilhada vermelha). Finalmente, o índice n é a inclinação da curva SMD na região *power-law*, calculado entre os pontos 1 e 2 como $n = (\ln \tau_1 - \ln \tau_2)/(\ln \dot{\gamma}_1 - \ln \dot{\gamma}_2)$.

Com já mencionado, o modelo de Mendes e Dutra (2004) tem como hipótese que os materiais, em geral considerados viscoplásticos, de fato escoam, mesmo que lentamente, quando submetidos a qualquer nível de tensão. Há, na verdade, vários pesquisadores em reologia que seguem essa ideia. Barnes e Walters (1985) discutem a existência da tensão limite de escoamento e fornecem vários argumentos para concluir que é pouco plausível a existência de uma tensão limite de escoamento, como prevista por Bingham (1922). Entretanto, essa tese não é pacífica na comunidade de reologia e vamos voltar a esse ponto mais adiante.

A Fig. 5.21 é do cemitério de Baltimore nos Estados Unidos, onde está enterrado o famoso romancista estadunidense Edgar Alan Poe. A laje, entre quatro pilares, está nitidamente deformada, o que mostra que ela está se deformando permanentemente sob ação do próprio peso com o passar do tempo.[10] Esse fato corrobora a tese de que materiais, supostamente viscoplásticos, de fato escoam lentamente, mesmo quando submetidos a baixas tensões.

Figura 5.21 Laje de concreto do cemitério de Baltimore nos Estados Unidos.

[10] Com o dedo sobre a barra é professor Paulo Roberto de Sousa Mendes do Departamento de Engenharia Mecânica da PUC-Rio, um dos proponentes do modelo aqui chamado SMD.

Mendes e Dutra (2004) produziram diversas curvas de escoamento de materiais tipicamente viscoplásticos, como Carbopol, lama de perfuração, polpa de papel, emulsões e maionese, e obtiveram razoável ajuste com o modelo proposto. A Fig. 5.22, elaborada a partir de dados obtidos por Caliman, Soares e Thompson (2017), mostra a curva de escoamento de um gel de cabelo a base de Carbopol diluído em água. Os símbolos são dados obtidos com um reômetro rotativo Haake Mars III, da Thermo Scientific, e a linha pontilhada é o ajuste do modelo SMD. À primeira vista, pode-se concluir que o modelo se ajusta bem a uma curva real de tensão *versus* taxa de cisalhamento. Da linha pontilhada para direita, não há dúvidas: as medidas são confiáveis e os valores de τ_0, K e n estão bem medidos. O grande problema está nos dados à esquerda da linha pontilhada. Poderíamos dizer – e muitos autores dizem – que há um patamar newtoniano com $\eta_0 = 375$ Pa.s em taxas menores; nesse caso, que 0,01 s^{-1}. Para fazer categoricamente essa afirmação, teríamos que garantir no mínimo duas coisas: 1) os dados estão em regime permanente; 2) não há deslizamento da amostra. O não deslizamento é mais fácil de garantir usando geometrias adequadas (veremos isso no Capítulo 9), mas o regime permanente não é tão trivial. Havendo efeitos elásticos ou tixotrópicos (Capítulos 6 e 8), o tempo necessário para atingir o regime permanente em cada ponto é inversamente proporcional à taxa de deformação. Em uma taxa de 10^{-3} s^{-1}, por exemplo, seriam gastos em torno de 1000 s para medir um ponto, o que tornaria a obtenção da curva inteira muito demorada. Por essa razão, a região à esquerda da linha pontilhada pode ser chamada de triângulo das incertezas. Com todas as incertezas, ainda assim, parece-nos muito razoável a tese de que, de fato, existe um patamar newtoniano de viscosidade em baixas taxas de cisalhamento, e os materiais, ditos viscoplásticos, escoam, mesmo que muito lentamente, sob tensões abaixo de τ_0. A laje arqueada da Fig. 5.21 torna muito difícil qualquer tese ao contrário.

Talvez o experimento mais famoso que demonstra a fluidez de materiais aparentemente sólidos é o da gota de piche realizado na Universidade de Queensland em Brisbane, na Austrália (Fig. 5.23). A experiência foi iniciada em 1927 pelo professor Thomas Parnell (Nobel de Física em 2005) para demonstrar aos alunos da universidade que algumas substâncias que parecem sólidas são na verdade fluidos com altíssima viscosidade. O professor Parnell colocou uma amostra de piche aquecido em um funil lacrado que repousou por três anos. Em 1930, o lacre foi aberto, permitindo ao piche fluir. Uma redoma de vidro cobria o funil. Gotas se formaram e caíram durante aproximadamente 8 anos. A oitava gota caiu em 28 de novembro de 2000, permitindo estimar a viscosidade do piche em aproximadamente $2{,}3 \times 10^{11}$mPa, 230 bilhões de vezes a viscosidade da água. O experimento foi registrado no *Guinness World Records* como o experimento interrupto de laboratório mais longo do mundo. O experimento é monitorado por uma webcam e pode ser visualizado ao vivo por curiosos. Ele é exibido no segundo andar do *Parnell Building* na *School of Mathematics and Physics*, no campus St Lucia, da Universidade de Queensland.

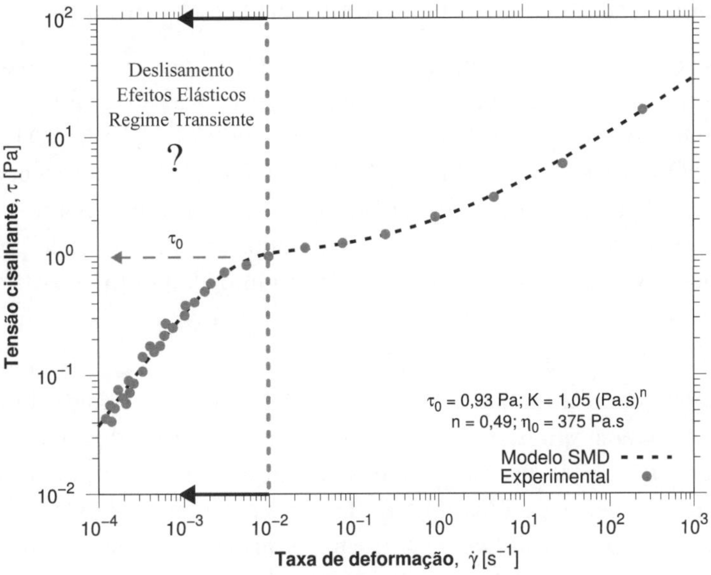

Figura 5.22 Curva de escoamento de uma de um gel de cabelo a base de Carbopol. Os símbolos são dados medidos com o Haake Mars III, e a linha pontilhada é o ajuste do modelo SMD. Fonte: elaboração própria (baseada em dados de Caliman, Soares e Thompson (2017)).

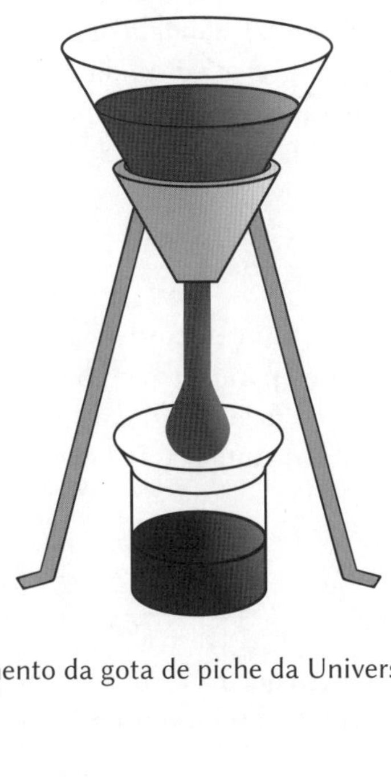

Figura 5.23 Experimento da gota de piche da Universidade de Queenland.

5.3.5 Números adimensionais para materiais viscoplásticos

Uma questão de suma importância em mecânica dos fluidos é a análise dimensional dos escoamentos. É sempre fundamental conhecer os números adimensionais que caracterizam o fenômeno em questão, e nem sempre eles são evidentes. O teorema Pi de Buckingham (FOX; MCDONALD; PRITCHARD, 2004) nos fornece uma boa noção dos adimensionais, mas não é suficiente. Na verdade, o referido teorema nos fornece um conjunto de possibilidades de escolha de números adimensionais que, do ponto de vista matemático, descreve muito bem o problema. Entretanto, do ponto de vista físico, o que mais nos interessa, nem todos os números são equivalentes.

A questão de escolha de números adimensionais não é pacificada na literatura. Já discutimos alguns detalhes quando tratamos do número de Reynolds. Essa questão é ainda mais controversa quando se trata de escoamento de fluidos não newtonianos, principalmente por conta da viscosidade em geral,variar com a taxa de deformação. Nesta seção, vamos rapidamente destacar alguns detalhes pertinentes à escolha de números adimensionais, sobretudo em escoamentos de materiais viscoplásticos. Vamos ao final da seção mostrar um caso em que duas escolhas do supostamente mesmo número geraram conclusões diametralmente opostas.

Em escoamentos de materiais viscoplásticos, talvez a questão preliminar seja: *qual a importância da tensão limite de escoamento*? Em outras palavras, urge saber quanto o escoamento é caracterizado por cisalhamento ou por movimento de corpo rígido. Certamente, o valor absoluto de τ_0 é fundamental, mas não é suficiente, como é de se esperar (veja novamente a Eq. (5.18)). É fundamental saber a respeito da dinâmica do escoamento. Enfim, o adimensional mais difundido na literatura para medir o grau de plasticidade de um escoamento é o chamado *número de Bingham*. Usando como referência o modelo Herschel-Bulkley, o número de Bingham tem a seguinte forma:

$$Bn = \frac{\tau_0}{K\dot{\gamma}_c^n} \qquad (5.30)$$

Onde $\dot{\gamma}_c$ é uma taxa de cisalhamento característica do escoamento. Bn pode variar de zero a infinito, dependendo dos parâmetros reológicos (τ_0, K e n) e do dinâmico ($\dot{\gamma}_c$). Outra forma de caracterizar ou medir o grau de plasticidade de um escoamento de material viscoplástico é por meio da quantidade Pl batizada como número de plasticidade em Thompson e Soares (2016):

$$Pl = \frac{\tau_0}{\tau_0 + K\dot{\gamma}_c^n} \qquad (5.31)$$

De imediato, defendemos neste livro que há algumas vantagens de Pl com relação a Bn. Primeiro, Pl varia de 0 a 1; portanto, tem limites mínimo e máximo. Pl próximo de 1 sugere um escoamento com a maior parte do domínio não cisalhado, ou seja, dominado por movimento de corpo rígido. No escoamento de um fluido de Bingham ou Herschel-Bulkley em um tubo, Pl é igual ao tamanho da região não cisalhada (Fig. 5.13). Em outras palavras, Pl é igual a ξ, expresso pela Eq. (5.18).

Ainda vamos discutir sobre as diferenças conceituais de Bn e Pl mais adiante, mas agora vamos nos ater a uma questão ainda mais fundamental: "como definir apropriadamente as quantidades adimensionais que já existiam no mundo newtoniano, mantendo seu significado original no mundo não newtoniano?"

Tratando-se de escoamento de um fluido qualquer, a quantidade adimensional mais comum é o número de Reynolds, que se estima como sendo a razão $\frac{\rho U D}{\mu}$ quando um fluido newtoniano escoa em um tubo, representado pela Eq. (4.20). Agora vamos supor um escoamento de um fluido viscoplástico, mais especificamente o fluido de Bingham. Nesse caso, é muito comum encontrar o número de Reynolds definido como:

$$Re_p = \frac{\rho U L_c}{\mu_p} \tag{5.32}$$

Em que μ_p é a chamada viscosidade plástica que aparece no modelo de Bingham e L_c é um comprimento qualquer característico do escoamento. É fundamental apontar que Re_p não é o número de Reynolds, ou seja, não é uma relação entre as forças de inércia e viscosas que atuam no escoamento, e considerá-la como tal geralmente leva à má interpretação física dos problemas em análise. Recentemente, Thompson e Soares (2016) discutiram esse tema com detalhes, analisando não só o número de Reynolds, mas também outros números adimensionais comuns, como o número de capilaridade. O que se propõe aqui é que seja sempre preservado o significado físico dos parâmetros, partindo sempre dos conceitos fundamentais, que em mecânica costumam estar relacionados com razões de forças. Assim, no caso de escoamento de fluidos viscoplásticos, ou de qualquer outro tipo, a definição original de Re é a Eq. (4.17). Portanto, baseando-se nessa equação, o número de Reynolds mais adequado para um escoamento de um fluido de Herschel-Bulkley é:

$$Re_{HB} = \frac{\rho U^2}{\tau_0 + K\dot{\gamma}_c^n} \tag{5.33}$$

O termo $\tau_0 + K\dot{\gamma}_c^n$ é, de fato, uma tensão viscoplástica característica. Se $\dot{\gamma}_c$ for uma taxa na parede de uma região desenvolvida, então a Eq. (5.33) é rigorosamente o número de Reynolds. Para o escoamento desenvolvido em um tubo, por exemplo, pode-se chegar a uma expressão para o Re semelhante à Eq. (5.12).

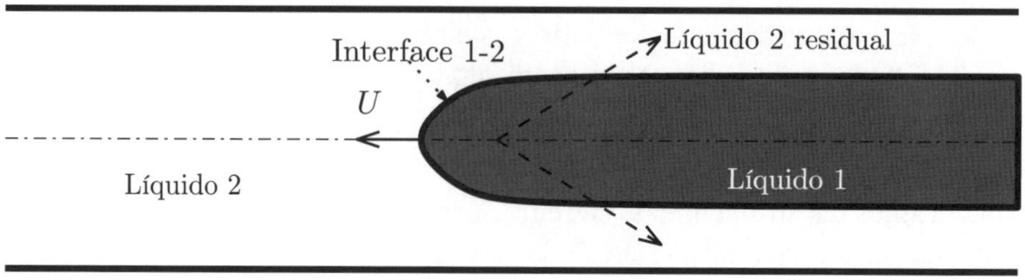

Figura 5.24 Esquema do deslocamento de dois líquidos em um tubo capilar.

Vamos analisar agora um caso particular: o deslocamento de dois líquidos em um tubo capilar (Fig. 5.24). O líquido 1 é injetado com velocidade U para deslocar o líquido 2, inicialmente em repouso dentro do tubo. Esse é um clássico da literatura de mecânica dos fluidos, inicialmente estudado por Taylor (1961) para o caso particular em que o fluido 1 é um gás. Esse problema foi recentemente estudado em detalhes para o caso de dois líquidos newtonianos por Soares, Carvalho e Mendes (2005), Soares e Thompson (2009). Ao se injetar o líquido 1, ele desloca e remove o líquido 2 do tubo, mas uma fração do líquido 2 fica aderido à parede do tubo. Essa fração de massa m_p é uma quantidade importante que, em geral, deseja-se conhecer nesse tipo de problema. Em alguns casos práticos, deseja-se minimizar ou controlar m_p. A quantidade m_p depende de diversos parâmetros, sendo um deles, entre os mais importantes, o número de capilaridade:

$$Ca = \frac{\eta_2 U}{\sigma} \tag{5.34}$$

Em que Ca é a razão entre as forças viscosas e interfaciais, U é a velocidade da interface e σ é a tensão interfacial entre os líquidos 1 e 2. Outro parâmetro fundamental do problema é a razão de viscosidades:

$$N_\eta = \frac{\eta_2}{\eta_1} \tag{5.35}$$

Em que η_2 e η_1 são, respectivamente, as viscosidades do fluido 2 e do fluido 1. Recentemente, os adimensionais importantes desse problema foram bem discutidos em Soares, Thompson e Niero (2015).

Se os líquidos 1 e 2 forem newtonianos não há controvérsia quanto aos adimensionais, eles já estão bem estabelecidos na literatura. A questão que nos interessa agora é o caso em o líquido 2 é uma material newtoniano e o líquido 1 é um material viscoplástico. Como já discutido, de imediato é necessário mais um adimensional, um que considere a tensão limite de cisalhamento do material. Digamos que o material seja bem caracterizado pelo modelo de Bingham. Então, defendemos que a melhor opção para medir a importância da plasticidade é a Eq. (5.5), batizada em Thompson e Soares (2016) como número de plasticidade. No caso particular de fluido de Bingham, Pl tem a seguinte expressão:

$$Pl = \frac{\tau_0}{\tau_0 + \mu_p \dot{\gamma}_c} \tag{5.36}$$

Mas essa não é a maior questão desse problema. O que gera mais discussão é como tratar a razão de viscosidades, uma vez que η_1 não é constante. Muitos autores, talvez por mera questão de simplicidade, consideram $N_\eta = \mu_2/\mu_p$, em que μ_2 é a viscosidade do líquido 2 (no caso particular, um fluido newtoniano) e μ_p é a chamada viscosidade plástica, que é simplesmente uma parte da viscosidade do fluido de Bingham. Esse problema foi estudado numericamente por Freitas, Soares e Thompson (2011) e experimentalmente por Caliman, Soares e Thompson (2017). Os autores definem a razão de viscosidade da seguinte forma:

$$N_\eta = \frac{\mu_2}{\eta_{1c}} = \frac{\mu_2}{\mu_p + \tau_0/\dot{\gamma}_c} \tag{5.37}$$

Em que $\dot{\gamma}_c = U/R$ é uma taxa de cisalhamento característica do problema. Portanto, a viscosidade característica $\eta_{1c} = \mu_p + \tau_0/\dot{\gamma}_c$ depende da tensão limite de escoamento do material. As duas definições de razão de viscosidades foram comparados em Freitas, Soares e Thompson (2011). A Fig. 5.25 (dados extraídos do referido artigo) mostra a massa depositada na parede do tubo capilar em função do número de capilaridade.

A referida figura mostra resultados de $m_p \times Ca$ com duas diferentes definições de razão de viscosidades. Os símbolos vazios referem-se à definição dada pela Eq. (5.37). Nesse caso, o incremento do número de plasticidade contribui para reduzir a massa depositada na parede. No caso dos símbolos cheios, a razão de viscosidades é definida usando μ_p como viscosidade característica. Diametralmente oposto à definição anterior, o incremento de Pl faz aumentar a massa depositada na parede. Então podemos concluir agora que, se fixarmos todos os parâmetros adimensionais de um problema e variarmos só um, esse parâmetro variável só pode afetar o problema de uma única maneira. No caso em questão, m_p aumenta ou diminui. Então, a única conclusão possível é que, como já havíamos sugerido, μ_2/μ_p não é propriamente uma razão de viscosidades. Finalmente, não é demais pontuar que a escolha de adimensionais deve ser criteriosa, cuidadosa, sob pena de comprometer a interpretação física do problema. Do ponto de vista puramente matemático, qualquer grupo de adimensionais é igualmente funcional, mas do ponto de vista físico, que muito nos interessa, tratando-se de mecânica dos fluidos e reologia, os grupos não são iguais. Alguns deles podem não representar as razões de forças que governam o problema de interesse, como discutido em Thompson e Soares (2016).

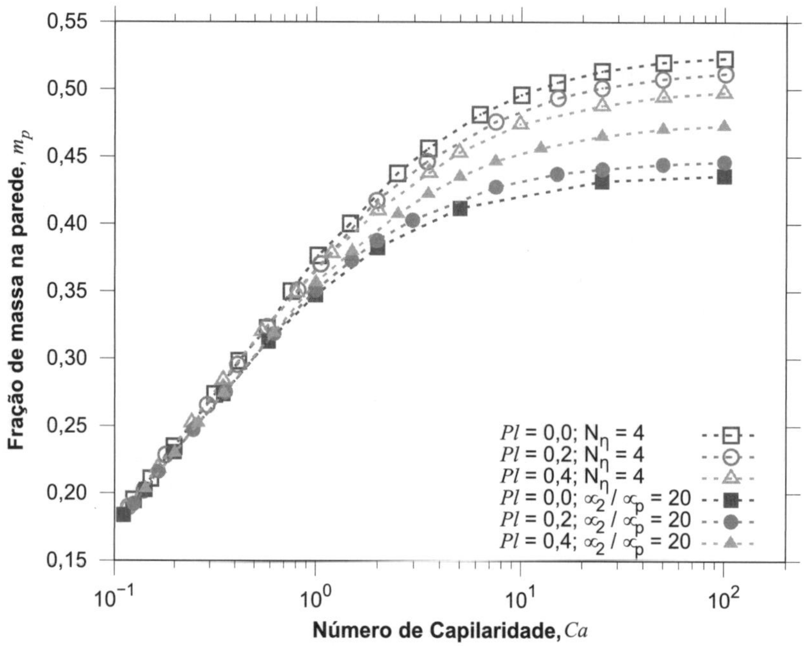

Figura 5.25 Fração de massa depositada na parede de um tubo capilar em função do número de capilaridade. Fonte: elaboração própria (baseada em dados de Freitas, Soares e Thompson (2011)).

EXERCÍCIOS PROPOSTOS

5.1 Considere o escoamento desenvolvido de um fluido Herschel-Bulkley em um tudo de diâmetro D. Obtenha uma expressão para o perfil de velocidades e a tensão na parede do tubo.

5.2 Considere o escoamento de um fluido *power-law* em um espaço anular (espaço entre dois cilindros concêntricos). O cilindro interno de raio R_i gira com velocidade angular constante W, enquanto o externo de raio R_0 é fixo. Obtenha uma expressão para torque $\mathcal{T}$ necessário para manter a rotação W constante.

5.3 Considere dois fluidos escoando um sobre o outro em um plano inclinado com ângulo α. Os fluidos escoam só por ação da gravidade. O fluido com maior densidade é do tipo *power-law* e o outro é newtoniano. As espessuras das camadas de cada fluido são iguais a h. Obtenha o perfil de velocidades nas duas camadas.

espessuras das camadas de cada fluido são iguais a h. Obtenha o perfil de velocidades nas duas camadas.

5.4 Considere um fluido de Bingham entre duas placas paralelas de comprimento L e separadas por um espaço δ. A inferior é fixa, enquanto a superior se desloca com velocidade constante U. Obtenha a força necessária por unidade de profundidade para manter a placa com velocidade U constante.

5.5 Ajuste o modelo de Papanastasiou aos dados experimentais da Fig. 5.18. Qual o valor mínimo do parâmetro m adequado para as três curvas da referida figura?

5.6 Proponha um conjunto de parâmetros adimensionais (Re, Ca e N_η) para o problema de deslocamento de dois líquidos descritos na seção 5.3.5 (Fig. 5.25). Considere o líquido 2 como newtoniano e o líquido 1 como um material de Herschel-Bulkley.

CAPÍTULO 6

Fluidos viscoelásticos

Até aqui só tratamos de fluidos puramente viscosos. O único efeito não newtoniano abordado foi a dependência da viscosidade com a taxa de deformação e a tensão limite de escoamento em materiais viscoplásticos simples, aqueles totalmente independentes do tempo. Agora vamos analisar de forma sucinta o comportamento de materiais viscoelásticos, mais particularmente os fluidos viscoelásticos. O capítulo se inicia com uma breve discussão sobre alguns aspectos gerais de materiais viscoelásticos. Na sequência, vamos apresentar alguns modelos viscoelásticos lineares, antes de falar de testes oscilatórios, muito difundidos em reologia. O capítulo se encerra com apresentação de alguns modelos não lineares simples (modelos com derivada convectada) e uma breve discussão sobre números adimensionais em escoamento de materiais viscoelásticos.

6.1 ASPECTOS GERAIS

Vamos apresentar e discutir nesta seção alguns efeitos viscoeláticos e a complexidade adicional à formulação física e solução de problemas que abordam escoamento de fluidos com natureza híbrida: viscosa e elástica. Três manifestações reológicas importantes comumente observadas em materiais viscoelásticos são as diferenças de tensões normais, viscosidade cisalhante afinante e viscosidade extensional dilatante que apresentaremos em seguida de forma sucinta. Essas grandezas reológicas serão melhor compreendidas na seção 6.4 que trata de modelos viscoelásticos não lineares simples. Outro aspecto importante de materiais viscoelásticos é a dependência temporal que será introduzida na seção 6.2, de modelos viscoelásticos lineares.

O grau de elasticidade de um material viscoelástico pode ser inferido por meio da chamada *diferença de tensões normais* em cisalhamento simples, como ilustrado na Fig. 6.1. Imagine que se aplique uma tensão cisalhante τ_{xy} em um material qualquer, como representado na referida figura. As direções x, y e z correspondem à direção do escoamento, direção da variação da velocidade e direção neutra (ou direção da vorticidade), respectivamente. Os componentes de velocidade são $u_x = \dot{\gamma} y$; $u_y = 0$; $u_z = 0$. Onde $\dot{\gamma}$ é a taxa de cisalhamento. Se o material tiver natureza elástica, tensões normais (τ_{xx}, τ_{yy} e τ_{zz}) surgirão espontaneamente. Em reologia, costumam-se definir duas diferenças de tensões:

$$N_1 = \tau_{xx} - \tau_{yy} \tag{6.1}$$

e

$$N_2 = \tau_{yy} - \tau_{zz} \tag{6.2}$$

Em que N_1 é a chamada *primeira diferença de tensões normais* e N_2 a *segunda diferença de tensões normais.* Se o material cisalhado for Newtoniano, N_1 e N_2 são iguais a zero, enquanto em fluidos viscoelásticos, as diferenças são, em geral, não nulas. É muito comum dividir as tensão normais por $\dot{\gamma}^2$ e definir os chamados coeficientes de tensões normais:

$$\psi_1 = \frac{\tau_{xx} - \tau_{yy}}{\dot{\gamma}^2} \tag{6.3}$$

e

$$\psi_2 = \frac{\tau_{yy} - \tau_{zz}}{\dot{\gamma}^2} \tag{6.4}$$

Onde ψ_1 é denominado de *primeiro coeficiente de tensões normais* e ψ_2 de *segundo coeficiente de tensões normais.* ψ_1 e ψ_2, e a viscosidade cisalhante, $\eta = \tau_{xy}/\dot{\gamma}$, são funções materiais obtidas em escoamentos viscométricos. Para baixas taxas de deformação, η, ψ_1, e ψ_2 são aproximadamente constantes e surgem naturalmente do modelo CEF (Criminale-Ericksen-Filbey) (CRIMINALE; ERICKSEN; FILBEY, 1957), discutido na seção 6.4.1.

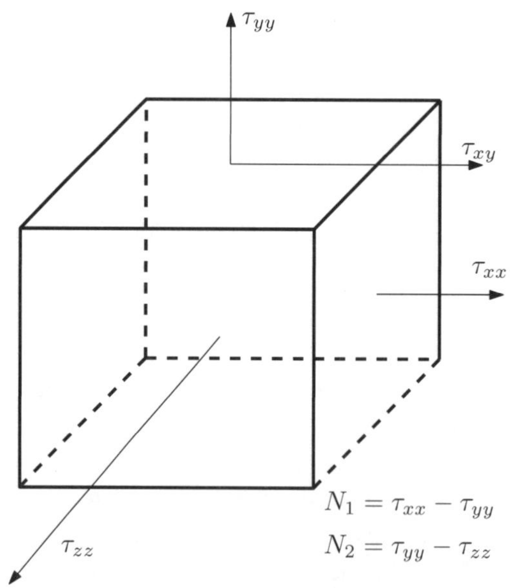

Figura 6.1 Diferenças de tensões normais.

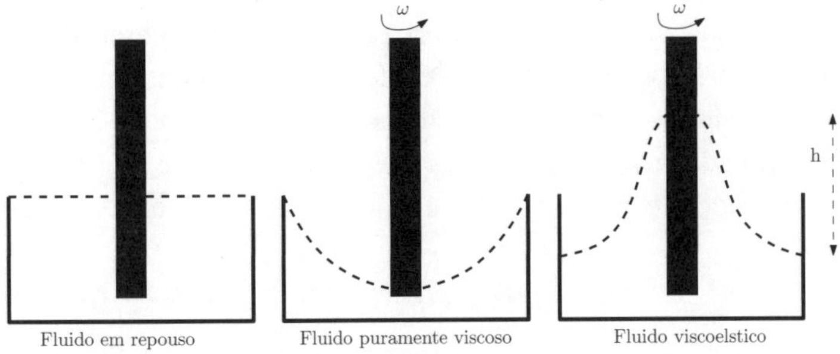

Figura 6.2 Efeito Weissenberg.

As diferenças de tensões normais explicam um fenômeno muito conhecido em reologia chamado de *efeito Weissenberg*,[11] esquematizado na Fig. 6.2, que mostra uma haste parcialmente imersa em um fluido. A linha pontilhada marca a superfície do fluido com o ambiente. À esquerda, a haste está parada, e a superfície é paralela à base do recipiente. No meio e à direita, a haste gira com velocidade angular ω constante. Não havendo forças elásticas, caso da figura do meio, em que o fluido é puramente viscoso, o fluido é empurrado para a parede do recipiente por ação do componente centrífugo da força. Já no caso em que forças elásticas estão presentes, figura à direita, em que o fluido é viscoelástico, o fluido pode subir pela haste. A diferença de nível entre as superfícies do fluido é proporcional às diferenças de tensões normais, sendo mais importante o efeito de N_1. Na verdade, há uma competição entre as forças centrífuga, o peso do fluido e as forças elásticas. Quando as forças elásticas superam as demais, o material sobe pela haste, caracterizando um dos fenômenos mais emblemáticos em reologia, *o efeito Weissenberg* ou *rod climbing*, como é também chamado na literatura inglesa.

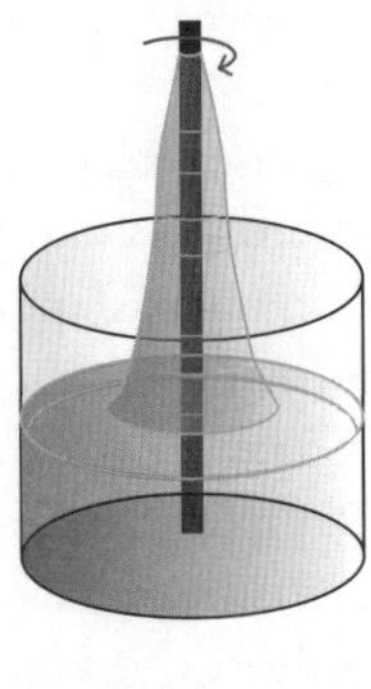

Figura 6.3 Efeito Weissenberg. A solução viscoelástica tende a subir na haste. Fonte: elaboração própria (esquema construído com base em resultados de Boger e Walters (1993)).

[11] Karl Weissenberg (11 de junho de 1893 a 6 abril de 1976) foi um físico austríaco com notáveis contribuições em reologia.

A Fig. 6.3, adaptada de Boger e Walters (1993), mostra o efeito Weissenberg em uma solução de material viscoelástico. Tal efeito pode ser facilmente observado em laboratório usando soluções concentradas de poliacrilamida ou óxido de polietileno em água. Como mencionado, a altura escalada pelo fluido na haste é proporcional ao grau de elasticidade da solução, que, por sua vez, é proporcional à sua concentração de polímero.

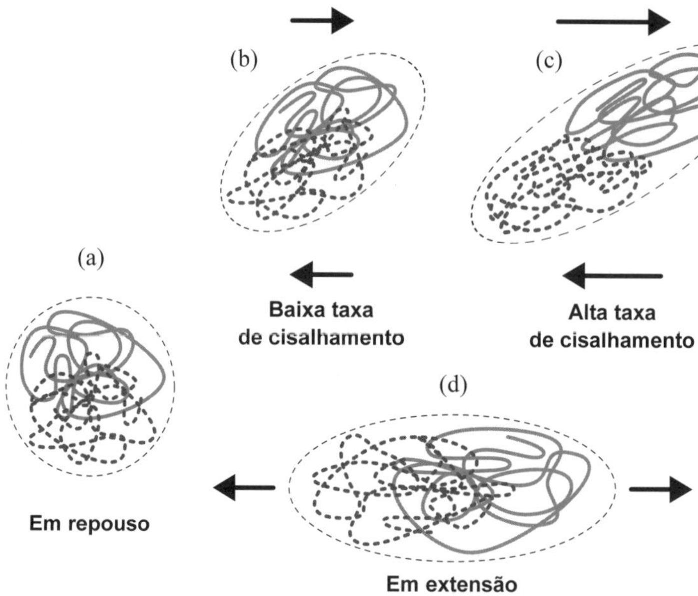

Figura 6.4 Envelope molecular de um emaranhado de duas moléculas poliméricas (linha vermelha contínua e linha azul tracejada) (a) em repouso, (b) em baixa taxa de cisalhamento, (c) em alta taxa de cisalhamento e (d) em um escoamento extensional.

Para entender o surgimento das diferenças de tensões normais, vamos considerar o caso de soluções poliméricas. Polímeros (ou macromoléculas) são moléculas longas, compostas por pequenas unidades (monômeros) químicas simples que se repetem. Uma grande variedade de fenômenos observados em escoamento de líquidos poliméricos é atribuída as suas longas cadeias moleculares, que lhes conferem características únicas (BARNES; HUTTON; WALTERS, 1989). A viscoelasticidade de líquidos poliméricos surge de forças intramoleculares e intermoleculares (BARNES; HUTTON; WALTERS, 1989; BIRD et al., 1987). Para exemplificar, a Fig. 6.4 ilustra um emaranho de duas moléculas poliméricas (linha vermelha contínua e linha azul tracejada). Inicialmente, o emaranho está em repouso e as moléculas do polímero tendem a ter uma forma esférica (Fig. 6.4(a)). Quando cisalhado, as estruturas esféricas (configurações poliméricas) em repouso (Fig. 6.4(a)) se deformam em elipsoides (Fig. 6.4(b)). A elasticidade da solução polimérica induz forças de restauração que é a principal causa das tensões normais (BARNES; HUTTON; WALTERS, 1989). N_1 aumenta com $\dot{\gamma}$, visto que em taxas maiores surgem maiores deformações das estruturas moleculares e, portanto, maiores forças restauradoras (MACOSKO, 1994). Quando a taxa de cisalhamento imposta aumenta (Fig. 6.4(c)), o emaranhado de polímeros começa a se desfazer. Esse novo arranjo estrutural ocasiona em uma queda da viscosidade cisalhante, $\eta = \tau_{xy}(t, \dot{\gamma})/\dot{\gamma}$, uma vez que as moléculas podem se mover uma em relação as outras com mais facilidade.

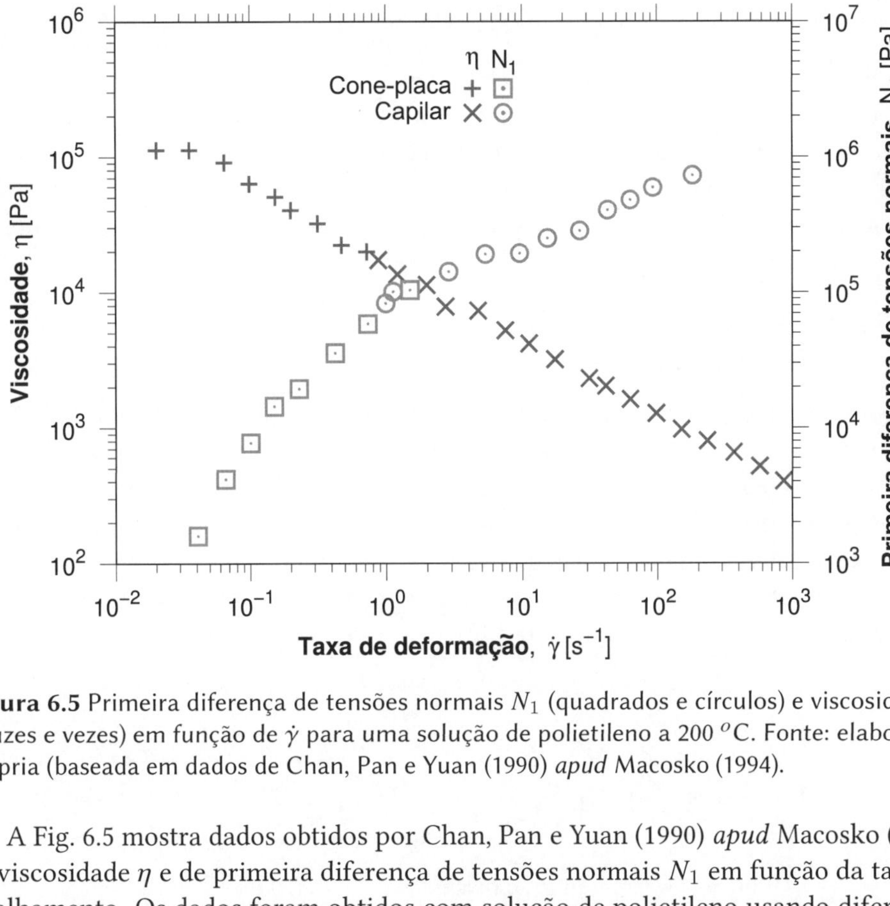

Figura 6.5 Primeira diferença de tensões normais N_1 (quadrados e círculos) e viscosidade η (cruzes e vezes) em função de $\dot{\gamma}$ para uma solução de polietileno a 200 ^oC. Fonte: elaboração própria (baseada em dados de Chan, Pan e Yuan (1990) *apud* Macosko (1994).

A Fig. 6.5 mostra dados obtidos por Chan, Pan e Yuan (1990) *apud* Macosko (1994) de viscosidade η e de primeira diferença de tensões normais N_1 em função da taxa de cisalhamento. Os dados foram obtidos com solução de polietileno usando diferentes geometrias reométricas. É nítido como a viscosidade cisalhante η cai e N_1 cresce com o aumento de $\dot{\gamma}$. É muito mais difícil medir N_2 que é sempre bem menor que N_1. Em geral uma boa aproximação é considerar $N_2 \approx -0,1N_1$. Vamos mencionar formas de medir N_1 no Capítulo 9. É importante ressaltar que assim como η, ψ_1 normalmente também cai com o amento da taxa de cisalhamento, apesar de N_1 aumentar.

Considere agora que o emaranhado polimérico é submetido a um escoamento extensional uniaxial (Fig. 6.4(d)) cujos componentes de velocidade são $u_x = \dot{\epsilon}x$, $u_y = -(1/2)\dot{\epsilon}y$, $u_z = -(1/2)\dot{\epsilon}z$ e $\dot{\epsilon}$ é a taxa de extensão. Nesse caso, as moléculas resistem à extensão de forma semelhante a uma mola. Como resultado, é comum se observar um aumento da viscosidade extensional, $\eta_E = (T_{xx}(t,\dot{\epsilon}) - T_{yy}(t,\dot{\epsilon}))/\dot{\epsilon}$ (MACOSKO, 1994).

6.2 MODELOS VISCOELÁSTICOS LINEARES

Entre os materiais viscoelásticos, a classe mais simples é a dos viscoelásticos lineares, em que a tensão só depende do tempo e da taxa de deformação. Vamos discutir sucintamente três modelos emblemáticos que são muito úteis à compreensão dos fenômenos viscoelásticos e base para os demais modelos mais complexos. Uma condição é essencial à resposta linear de qualquer material: estarem submetidos a deformações com baixas amplitudes. Nessa condição, as propriedades reológicas do material, módulo de elasticidade e viscosidade são em geral constantes.

6.2.1 Modelo de Maxwell

Dentro da classe de modelos lineares, o mais emblemático é o de Maxwell[12] (BIRD; ARMSTRONG; HASSAGER, 1987), cujo paralelo mecânico está esquematizado na Fig. 6.6. Uma mola linear elástica, com módulo de elasticidade constante G em série com um amortecedor e viscosidade constante μ, é a representação mais simples de um material viscoelástico e razoavelmente adequada para representação de fibras viscoelásticas. Na verdade, o modelo que descreve esse material foi proposto e utilizado por Maxwell em seus estudos com aplicação na indústria têxtil, por volta do ano 1867.

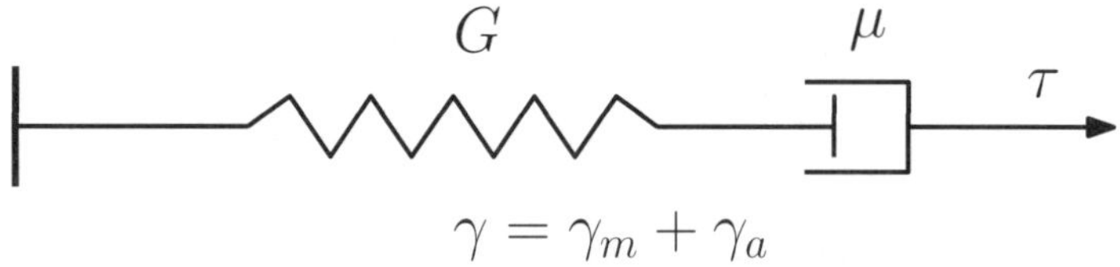

Figura 6.6 Representação mecânica do material de Maxwell.

Da Fig. 6.6, infere-se que a deformação total γ é a soma das deformações da mola e do amortecedor e, consequentemente, a taxa de deformação total se obtém por derivação com relação ao tempo, chegando à seguinte relação:

[12] J. C. Maxwell, Phil. Trans. Roy. Soc., A157, 49-88 (1867).

$$\dot{\gamma} = \dot{\gamma}_m + \dot{\gamma}_a. \tag{6.5}$$

A taxa de deformação do amortecedor se calcula como se ele fosse um fluido newtoniano como $\dot{\gamma}_a = \tau_a/\mu$ e a taxa de deformação da mola como se ela fosse um material hookeano $\dot{\gamma}_m = (1/G)(\partial\tau_m/\partial t)$. Pelo princípio da continuidade da força, a tensão na mola e no amortecedor é a mesma, τ. Então, pode-se reescrever a Eq. (6.5) como:

$$\tau + \lambda\frac{d\tau}{dt} = \mu\dot{\gamma} \tag{6.6}$$

Onde $\lambda = \mu/G$ é definido como o tempo de relaxação do material. De imediato, pode-se destacar uma diferença clara entre o material de Maxwell e os puramente viscosos, o FNG: não há uma função algébrica explícita entre a tensão e a taxa de deformação, o que torna a solução de problemas de escoamento de fluidos viscoelásticos sensivelmente mais difícil. A Eq. (6.6) é uma equação diferencial ordinária de primeira ordem e pode ser resolvida sem grandes dificuldades, o que nos permite explicitar τ em função do tempo da seguinte forma:

$$\tau(t) = \int_{-\infty}^{t}\left(\frac{\mu}{\lambda}e^{-(t-t')/\lambda}\right)\dot{\gamma}(t')dt' \tag{6.7}$$

Onde t' é uma variável muda de integração e t é o tempo presente. Neste momento, devemos destacar uma diferença da maior importância entre materiais puramente viscosos e viscoelásticos. Para o primeiro, a tensão em determinado instante de tempo depende somente da taxa de deformação no mesmo instante ($\tau(t) = \eta\dot{\gamma}(t)$), enquanto para o último, a tensão em determinado instante depende de toda a história de deformação do material, desde o início do fenômeno até o presente. Entretanto, o termo $\mu/\lambda e^{-(t-t')/\lambda}$ deixa claro que o passado remoto, longínquo, é bem menos importante que o recente. O referido termo é propriamente chamado de módulo de relaxação. Pode-se dizer que os materiais viscoelásticos têm memória que é gradativamente apagada com o tempo.

Essa dependência temporal tem várias implicações, inclusive na reometria. Agora já é claro afirmar que, se estamos fazendo uma medida com um material viscoelástico, obtendo uma curva de escoamento por exemplo, para cada taxa de cisalhamento devemos esperar que o regime permanente seja atingido antes de incrementá-la. Para ficar mais claro, vamos considerar que $\dot{\gamma}$ é constante, como em testes de imposição de taxa de deformação. Consideremos, por exemplo, um fluido do tipo Maxwell entre placas paralelas espaçadas por δ, em que a superior se desloca com velocidade fixa U. A taxa de cisalhamento nesse caso é $\dot{\gamma}_{xy} = U/\delta$. A Eq. (6.7) é, então, facilmente resolvida e ganha a forma:

$$\tau_{xy} = \mu\frac{U}{\delta}\left(1 - e^{-t/\lambda}\right) \tag{6.8}$$

Portanto, quanto mais elástico o material (maior λ), maior sua memória $(1 - e^{-t/\lambda})$ e mais tempo é necessário para atingir o regime permanente. É importante apontar aqui que o modelo de Maxwell é uma representação de fluido viscoelástico, visto que a mola e o amortecedor estão acoplados em série. Isso é claramente exemplificado na Fig. 6.7, onde se grafica a resposta de tensão em função do tempo quando se aplica uma deformação constante em um material de Maxwell.

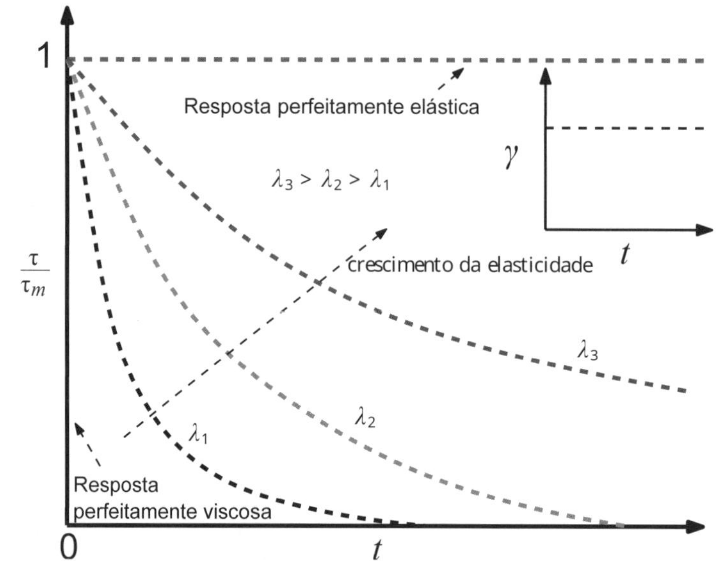

Figura 6.7 Resposta de tensão em teste de aplicação de deformação constante.

Caso o material seja um sólido perfeitamente elástico, ele se comporta como um material hookeano ($\tau = G\gamma$) e a tensão é uma constante ao longo do tempo (linha pontilhada horizontal verde). O comportamento diametralmente oposto é o de um fluido puramente viscoso. Sendo a deformação constante, a taxa de deformação é diferente de zero apenas no momento em que a deformação γ é imposta. Como a tensão nesse caso se computa pelo modelo FNG ($\tau = \eta\dot{\gamma}$), a tensão (linha vertical contínua) é nula para o tempo $t > 0$. Em materiais com comportamento misto, ou seja, em materiais viscoelásticos a tensão será uma função do tempo (linhas pontilhadas preta, vermelha e azul). Nesses casos, a tensão parte de um valor máximo no instante em que se aplica a deformação e relaxa a zero depois de um tempo suficientemente longo. Esses três casos representam um fluido viscoelástico (modelo de Maxwell). A mola é inicialmente deformada, mas como está em série com um amortecedor, ela relaxa e a tensão vai a zero. O tempo necessário para total relaxação será maior quanto mais elástico for o material. Em termos de módulo de relaxação, pode-se dizer que a elasticidade cresce à medida que λ cresce.

6.2.2 Modelo de Kelvin-Voigt

Outro modelo simples de material viscoelástico e extremamente importante para se compreender os conceitos fundamentais é o modelo de Kelvin-Voigt,[13] cuja representação mecânica está na Fig. 6.8. Diferentemente do modelo de Maxwell, no modelo de Kelvin-Voigt a mola está em paralelo com o amortecedor. Portanto, a tensão total τ é a soma das tensões no amortecedor e na mola, e pode ser escrita como:

$$\tau = G\gamma + \mu \frac{d\gamma}{dt} \tag{6.9}$$

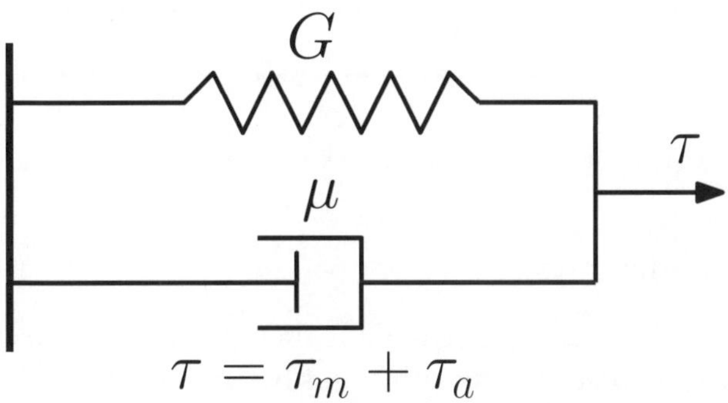

Figura 6.8 Representação mecânica do material de Kelvin-Voigt.

O modelo de Kelvin-Voigt é uma representação de um sólido viscoelástico. Observe que a mola e o amortecedor estão acoplados em paralelo e a deformação do amortecedor é limitada pela deformação da mola. Aqui, a razão $\lambda_{ret} = \mu/G$ é o tempo de retardo do material (o símbolo λ sem subscrito é reservado para o tempo de relaxação). Para exemplificar a sua natureza, considere um ensaio no qual uma tensão é imposta ao material e o que se mede é a deformação, como exemplificado na Fig. 6.9. Para um material hookenano, a deformação instantaneamente atinge a deformação máxima (a deformação acompanha a tensão, $\gamma = \tau/G$). Para um sólido viscoelástico, o tempo de retardo do material implica em um tempo para que a deformação máxima seja atingida. O tempo necessário para que a deformação máxima seja atingida cresce à medida que λ_{ret} cresce. No entanto, diferentemente do modelo de Maxwell, o aumento da elasticidade se dá conforme λ_{ret} diminui.

[13] O modelo foi batizado como Kelvin-Voigt em homenagem e ao físico e engenheiro inglês Lord Kelvin ao físico alemão Woldemar Voigt. O modelo também é chamado de modelo de Voigt.

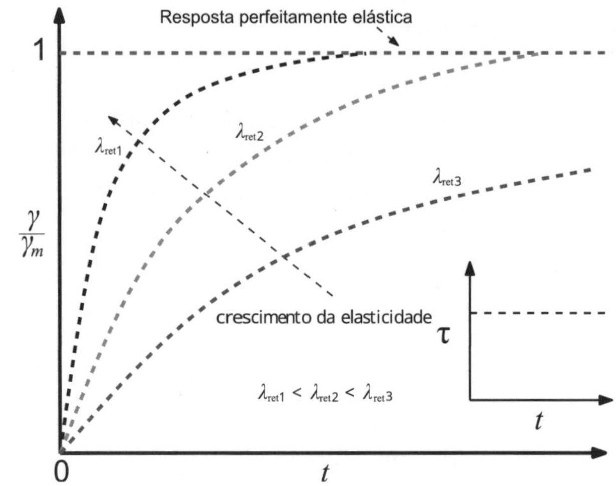

Figura 6.9 Resposta de deformação em teste de aplicação de tensão constante.

6.2.3 Modelo de Jeffreys

Exitem diversos outros modelos simples com representação mecânica que são extremamente úteis à compreensão dos princípios básicos de viscoelasticidade. Nessa seção, apresentaremos o modelo de Jeffreys, que engloba as características do modelo de Maxwell e de Kelvin-Voigt. Interessante que esse modelo foi proposto para estudar propagação de ondas terrestres (JEFFREYS, 1929). O paralelo mecânico do modelo de Jeffreys está esquematizado na Fig. 6.10. Pode-se seguir o mesmo passo a passo empregado no desenvolvimento do modelo de Maxwell e Kelvin-Voigt e, sem muita dificuldade, chegar à seguinte equação diferencial para o modelo de Jeffreys:

$$\tau + \lambda \frac{\partial \tau}{\partial t} = \eta_t (\dot{\gamma} + \lambda_{ret} \frac{\partial \dot{\gamma}}{\partial t}) \tag{6.10}$$

Onde $\lambda = \mu_1/G$ é o tempo de relaxação e $\lambda_{ret} = \mu_1\mu_2/G(\mu_1+\mu_2)$ o de tempo de retardo do material. Ainda, $\eta_t = \mu_1 + \mu_2$, é a viscosidade total do material. É fácil ver, olhando para Fig. 6.10, que, se $\mu_2 = 0$, a Eq. (6.10) deve se reduzir ao modelo de Maxwell. De fato, se $\mu_2 = 0$, λ_{ret} também é zero e o modelo se reduz automaticamente ao caso de Maxwell. Agora, se μ_1 tender ao infinito, o modelo deve se reduzir ao caso Kelvin-Voigt, uma vez que o elemento com μ_1 seria rígido e o conjunto de mola e amortecedores se reduz a uma mola em paralelo com amortecedor (ver o exercício 6.3).

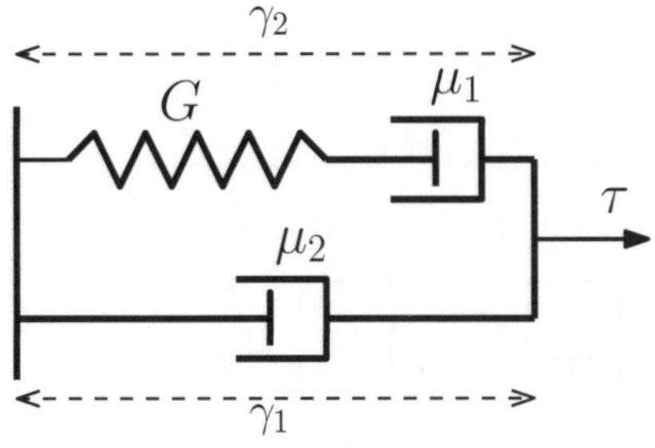

Figura 6.10 Paralelo mecânico do modelo de Jeffreys.

6.2.4 Modelo de Maxwell generalizado (espectro de relaxação)

O modelo de Maxwell contém apenas um tempo de relaxação λ, que, como visto na seção anterior, é uma medida da taxa com a qual a tensão relaxa quando o material é submetido a um salto de deformação. Contudo, materiais reais contém um espectro de tempos de relaxação. Apesar de qualitativamente razoável, o modelo de Maxwell não se ajusta bem a curvas experimentais típicas. Moléculas poliméricas podem assumir um grande número de configurações devido às rotações ao redor das ligações químicas. As moléculas mudam de configuração continuamente devido à agitação térmica. Assim, na verdade, o que existe é um espectro de constantes de tempo associado às mudanças de configuração, mesmo para um polímero monodisperso (BIRD; ARMSTRONG; HASSAGER, 1987; MACOSKO, 1994). O leitor interessado em dinâmica de líquidos poliméricos pode consultar Bird, Armstrong e Hassager (1987).

Um avanço lógico ao modelo de Maxwell é o chamado *modelo de Maxwell generalizado*, que contém um conjunto de tempos de relaxação λ_k. Modelos generalizados podem também ser construídos a partir de outros modelos, como o de Kelvin-Voigt. O modelo de Maxwell generalizado é composto pela soma de uma quantidade finita, ou até mesmo infinita, de elementos de Maxwell, cada um com seu tempo de relaxação (Fig. 6.11). A tensão τ é dada pela soma das tensões parciais τ_k. A tensão em um fluido de Maxwell generalizado pode então ser escrita como (MACOSKO, 1994):

$$\tau(t) = \sum_{k=1}^{N} \tau_k = \int_{-\infty}^{t} \sum_{k=1}^{N} \left[\frac{\mu_k}{\lambda_k} e^{-(t-t')/\lambda_k} \right] \dot{\gamma}(t')dt'$$

$$= \int_{-\infty}^{t} \sum_{k=1}^{N} \left[G_k e^{-(t-t')/\lambda_k} \right] \dot{\gamma}(t')dt' \qquad (6.11)$$

A Eq. (6.11) é, então, uma generalização da Eq. (6.7), quando o fluido era modelado com apenas uma mola em série com um amortecedor.

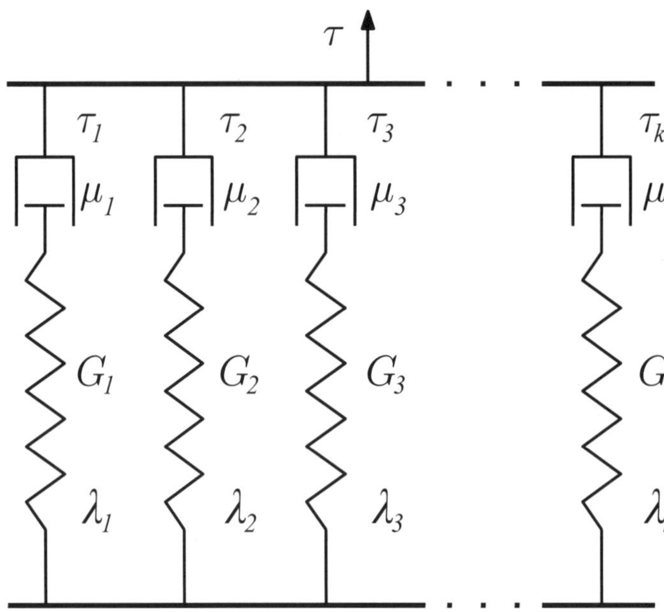

Figura 6.11 Representação mecânica do modelo de Maxwell generalizado.

A Fig. 6.12 mostra dados experimentais (círculos azuis) obtidos por Macosko (1994) do módulo de relaxação G_r de uma amostra de polidimetilsiloxano submetido a um teste relaxação, semelhante ao teste exemplificado na Fig. 6.7. Contudo, o que se observava na Fig. 6.12 é o comportamento do módulo de relaxação, dado por $G_r(t) = \tau(t)/\gamma$, e não da tensão. O módulo de relaxação G_r também corresponde ao somatório $\sum_{k=1}^{N}[G_k e^{-(t-t')/\lambda_k}]$ na Eq. (6.11) e pode ser medido experimentalmente. A linha roxa tracejada e pontilhada mostra o ajuste do modelo de Maxwell, Eq. (6.7) aos dados experimentais com $G = 10^5$ Pa e $\lambda = 0.1$ s. Como pode ser visto, o modelo não reproduz a curva do material de forma satisfatória. Já a linha tracejada preta mostra o ajuste do modelo de Maxwell generalizado, representado pela Eq. (6.11), com cinco tempos de relaxação. As curva de cada um dos cinco materiais de Maxwell são representadas pelas linhas sólidas finas. O valor de G_r para o material de Maxwell generalizado é dado pelo soma dos valores de G_r de cada um dos cinco materiais de Maxwell. Como um conjunto único de G_k e λ_k, muitas vezes não está disponível, uma possibilidade é predefinir os valores de λ_k, espaçado-os uniformemente em um escala logarítmica e então ajustar a curva por regressão linear para os valores de G_k. Os valores de λ_k e G_k do ensaio da Fig. 6.12 são dados na Tab. 6.1. Como pode ser observado, a melhora no ajuste da curva experimental com apenas cinco tempos de relaxação é considerável.

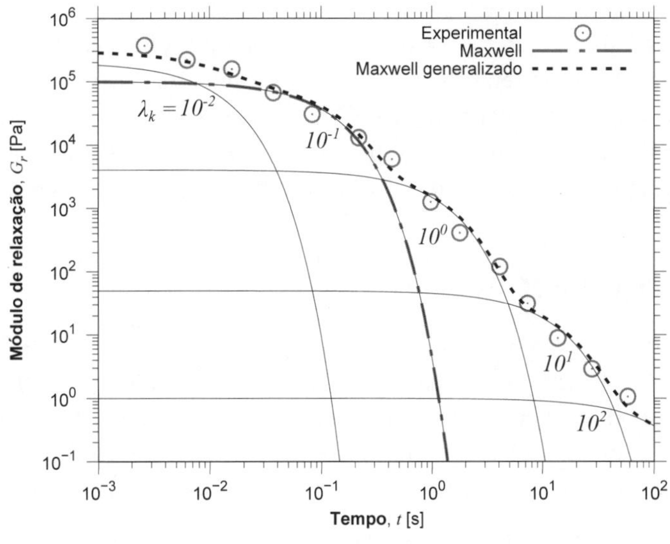

Figura 6.12 Comparação do módulo de relaxação, G_r, experimental (círculos azuis) de uma amostra de polidimetilsiloxano com os modelos de Maxwell e Maxwell generalizado. A linha roxa tracejada e pontilhada indica o resultado para o modelo de Maxwell com um único tempo de relaxação $\lambda = 0.1$ s e módulo de elasticidade $G = 10^5$ Pa, e a linha tracejada preta indica o resultado para o modelo de Maxwell generalizado com cinco tempos de relaxação $\lambda_k = 10^{-2}$, 10^{-1}, 10^0, 10^1, 10^2. Fonte: elaboração própria (baseada em dados de Macosko (1994)).

Tabela 6.1 Tempos de relaxação, λ_k, e módulos de elasticidade, G_k, ajustado para um teste de relaxação de polidimetilsiloxano a 25°C. Fonte: dados extraídos de (MACOSKO, 1994).

k	λ_k (s)	G_k (Pa)
1	0.01	2×10^5
2	0.1	10^5
3	1	10^4
4	10	10^2
5	100	10

Surge então a pergunta: qual dos cinco tempos de relaxação seria o mais representativo do material? Ou seria mais adequado um tempo de relaxação médio? Um possibilidade é escolher G_k e λ_k, que mais se adéquam à condição que o material será submetido. Obviamente, cada material tem um tempo de relaxação máximo finito λ_{max}, que é responsável pela duração da memória do material. Quando λ_{max} é igual ou maior do que o tempo característico do escoamento, o comportamento não newtoniano do material começa a ser observado (BIRD; ARMSTRONG; HASSAGER, 1987). Assim, quando se quer catalogar o comportamento do material, λ_{max} pode ser o tempo característico mais adequado. Uma discussão sobre tempos característicos e sua aplicação a números adimensionais relevantes para o escoamento de materiais viscoelásticos é realizada ao final do capítulo. Retornaremos ao assunto da escolha de G_k e λ_k durante a discussão sobre testes oscilatórios na próxima seção, na qual veremos outra forma de obter esses parâmetros.

6.3 TESTES OSCILATÓRIOS

Os testes oscilatórios são altamente empregados para caracterização de fluidos viscoelásticos. Esses testes consistem em impor uma deformação ou tensão senoidal e verificar a resposta do material. Os testes oscilatórios são originalmente divididos em duas categorias: testes com baixas amplitudes e testes com altas amplitudes. Vamos discutir de forma suscita essas duas categorias, enfatizando a primeira, por ser a mais comum.

6.3.1 Teste oscilatório de baixa amplitude

Um dos testes mais populares e utilizados em reometria de materiais viscoelásticos é o oscilatório com baixa amplitude (em inglês: *small amplitude oscillatory shear - SAOS*). Pode-se usar dois discos paralelos, como mostrado na Fig. 6.13. A amostra entre os discos é submetida a um movimento oscilatório no qual uma deformação ou tensão do tipo senoidal é imposta. Se a amplitude da deformação sofrida pelo material for suficientemente pequena, o material trabalha dentro do regime elástico linear e a deformação e tensão têm a mesma frequência.

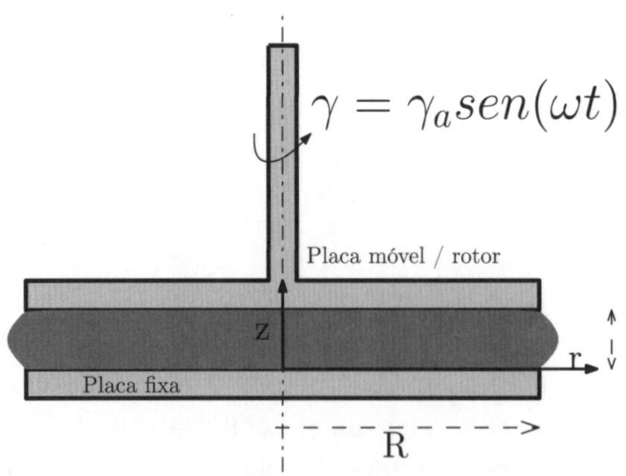

Figura 6.13 Teste oscilatório de baixa amplitude de deformação γ_a.

Considere, por exemplo, um teste no qual se impõe uma deformação senoidal, como na Fig. 6.14 (linha contínua preta), onde

$$\gamma = \gamma_a \text{sen}(\omega t) \tag{6.12}$$

Aqui, γ_a é a amplitude da deformação, ω é a frequência oscilatória e t é o tempo. Os parâmetros na Fig. 6.14 estão na forma adimensional. Como consequência da Eq. (6.12), a taxa de deformação $d\gamma/dt$ é dada por

$$\dot{\gamma} = \gamma_a \omega \cos(\omega t) \tag{6.13}$$

A resposta de tensão de um material viscoelástico é dada por

$$\tau = \tau_a \text{sen}(\omega t + \chi) \tag{6.14}$$

Onde os parâmetros de saída (resposta do ensaio) são τ_a, a amplitude da tensão, e χ, o ângulo de defasagem da tensão em relação a deformação. A Eq. (6.14) pode ser reescrita da seguinte forma,

$$\tau = \tau_a \cos(\chi)\text{sen}(\omega t) + \tau_a \text{sen}(\chi)\cos(\omega t) \tag{6.15}$$

A partir de Eq. (6.15) define-se dois novos parâmetros: $G' = \tau_a \cos(\chi)/\gamma_a$ e $G'' = \tau_a \text{sen}(\chi)/\gamma_a$ denominados de módulo de armazenamento e módulo de dissipação, respectivamente. A Eq. (6.15) pode ser, então, reescrita como

$$\tau = G'\gamma_a \text{sen}(\omega t) + G''\gamma_a \cos(\omega t), \tag{6.16}$$

ou, equivalentemente,

$$\tau = G'\gamma + \frac{G''}{\omega}\dot{\gamma}. \tag{6.17}$$

A Eq. (6.17) nos mostra que a tensão é composta por duas partes, em que $G'\gamma$ se assemelha à contribuição de um sólido hookeano e $(G''/\omega)\dot{\gamma}$ se assemelha à contribuição de um fluido puramente viscoso. Assim, G' dá uma medida do caráter elástico material, ou a energia armazenada durante a deformação, e G'' informa sobre a natureza viscosa do material, ou a energia dissipada durante o escoamento. Os parâmetros G' e G'' têm a unidade de módulo (ex.: G) e são extremamente difundidos na literatura. Analisando a tensão na forma da Eq. (6.17), os parâmetros de saída (resposta) do ensaio agora são G'e G''. É importante observar que os testes de G' e G'' podem ser feitos para qualquer material, independentemente de modelos.

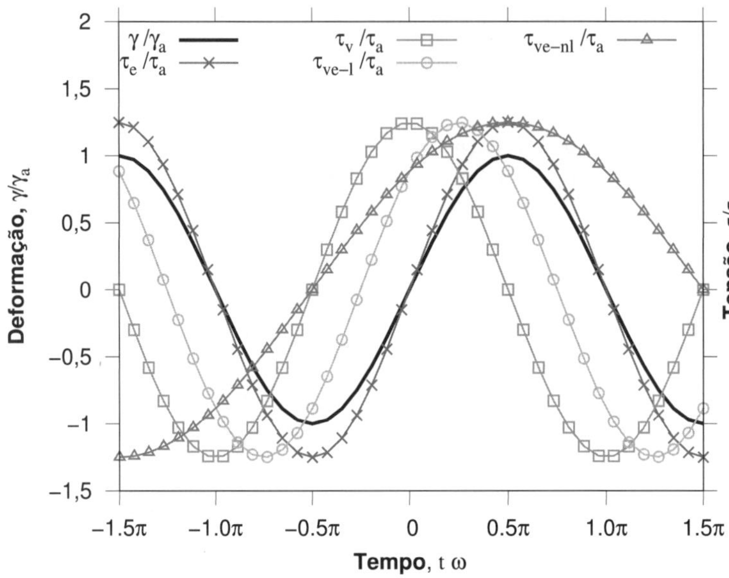

Figura 6.14 Resposta de tensão (linhas tracejadas com símbolos) à aplicação de uma deformação senoidal (linha contínua preta). O tempo, a tensão e a deformação estão na forma adimensional.

Analisando o ensaio da Fig. 6.14, a tensão representada pela linha roxa com cruzes, τ_e (adimensionalizada por τ_a) está em fase com a deformação γ, e, desse modo, caracteriza a resposta de um material elástico hookeano. Para esse material, G'' é zero. Já na linha verde com quadrados, a tensão τ_v/τ_a está defasada em $\pi/2$ em relação a deformação. Nesse caso, o material corresponde a um fluido viscoso, em que $G' = 0$. Para a linha amarela com círculos, a tensão τ_{ve-l}/τ_a não está em fase com γ nem com $\dot{\gamma}$ e apresenta um ângulo de defasagem $\chi = \pi/4$ entre eles. Assim, o material representado corresponde a um material viscoelástico no regime linear, visto que a deformação (parâmetro de entrada) e a tensão (parâmetro de saída) estão na mesma frequência. Por último, para o material da linha azul com triângulos, a tensão τ_{ve-nl}/τ_a não está em fase nem na mesma frequência que γ (ou $\dot{\gamma}$). Nesse caso, a resposta de tensão caracteriza um escoamento de material viscoelástico no regime não linear em que a amplitude da deformação não foi suficientemente pequena para o material permanecer no regime linear. Níveis deformação elevados provocam um rearranjo estrutural complexo que ocasiona desvios do regime linear. Nesse caso específico, os modelos de viscoelasticidade linear não podem mais ser usados para interpretar os resultados.

Vamos determinar G' e G'' para o caso particular de um material de Kelvin-Voigt, cujo paralelo mecânico é uma mola em paralelo com um amortecedor. Considerando, então, a imposição da deformação $\gamma = \gamma_a \mathrm{sen}(\omega t)$, a taxa de deformação é por consequência $\gamma_a \omega \cos(\omega t)$. Substituindo os dois termos na Eq. (6.9), chega-se a seguinte expressão para a tensão:

$$\begin{aligned} \tau(t) = G\gamma_a \mathrm{sen}(\omega t) + \mu\gamma_a \omega \cos(\omega t) = \\ G'\gamma_a \mathrm{sen}(\omega t) + G''\gamma_a \cos(\omega t). \end{aligned} \tag{6.18}$$

Portanto, para o modelo de Kelvin-Voigt, $G' = G$ e $G'' = \mu\omega$ e, assim, têm relação direta com os componentes elástico e viscoso do modelo, respectivamente. Para um material de Kelvin-Voigt, G' tende a ser maior do que G'' em baixas frequências oscilatórias. Conforme ω diminui a tensão na mola tende a crescer em relação a tensão no amortecedor e a resposta elástica do material ganha mais importância. Para altas frequências, G'' cresce com ω e tendem a superar G'. Nesse caso, a tensão no amortecedor tende a ganhar mais importância que a tensão na mola e a resposta do material se torna menos elástica.

No caso de um material de Maxwell, as formas de G' e G'' se tornam mais elaboradas, visto que a tensão, $\tau = G\gamma_m = \mu\dot{\gamma}_a$, não é uma função explicita apenas de γ, mas de γ_m (deformação na mola) ou γ_a (deformação no amortecedor). Nesse caso, os módulos G' e G'' são dados por (THOMPSON; ALICKE; MENDES, 2015):

$$G' = \frac{G^2\mu^2\omega^2}{G^2 + \omega^2\mu^2}, \tag{6.19}$$

$$G'' = \frac{G^2\mu\omega}{G^2 + \omega^2\mu^2}. \tag{6.20}$$

É instrutivo destacar que no caso do material de Maxwell o módulo de armazenamento, que está relacionado com o comportamento elástico do material, depende de μ, enquanto que o módulo de dissipação, que está relacionado com o comportamento viscoso do material, depende de G. Além disso, ambos dependem da frequência oscilatória. Dessa maneira, a forma de G' e G'' para um material de Maxwell é mais complexa do que para um material de Kelvin-Voigt.

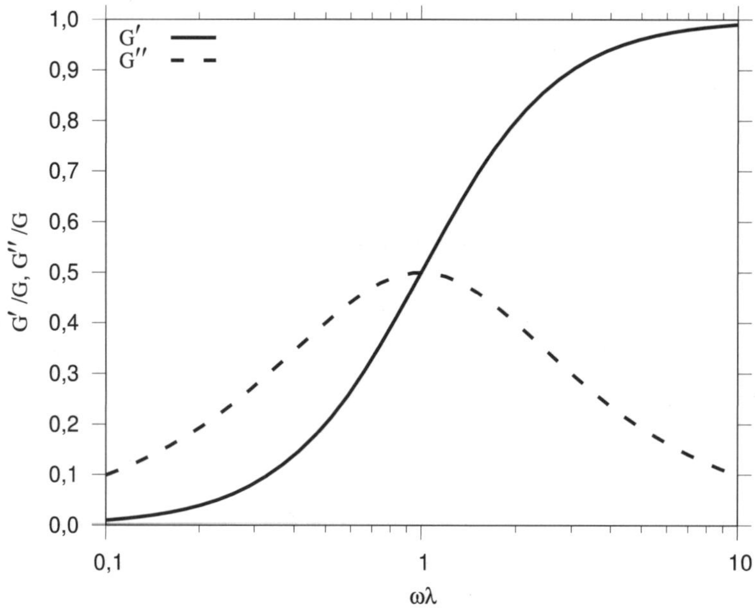

Figura 6.15 Resposta do módulo de armazenamento, G' (normalizado por G), módulo de dissipação, G'' (normalizado por G) e da viscosidade dinâmica adimensional, μ'(normalizado por μ), de um material de Maxwell em função da frequência oscilatória, ω (normalizado por $1/\lambda$).

A Fig. 6.15 apresenta os valores de G' e G'' para um material de Maxwell em função da frequência oscilatória (normalizada pelo tempo de relaxação do material, λ). Os módulos de armazenamento e de dissipação são normalizados por G, o módulo de elasticidade da mola do modelo de Maxwell. Para baixas frequências oscilatórias adimensionais $\omega\lambda \lesssim 0.1$, $G'' > G'$ e o material apresenta uma resposta viscosa. Por outro lado, para altas frequências adimensionais $\omega\lambda \gtrsim 10$, $G' > G''$ e a resposta do material é elástica. Observe o leitor que a resposta do material depende da relação $\omega\lambda$. Conforme $\lambda = \mu/G$ diminui, a deformação do amortecedor aumenta em relação a deformação da mola. Para baixos valores de ω a taxa de deformação é baixa, o que também facilita a deformação do amortecedor. Assim, para baixos valores de $\omega\lambda$, a contribuição do amortecedor (comportamento viscoso) na resposta do material é mais significativa. Com um aumento de $\omega\lambda$, o oposto acontece. Para valores moderados de $\omega\lambda$ uma resposta mista, ou viscoelástica, é observada.

Agora, considere um ensaio com imposição de tensão,

$$\tau = \tau_a \cos(\omega t), \tag{6.21}$$

e a deformação do material é a resposta do ensaio, caracterizada por γ_a e χ:

$$\gamma = \gamma_a \cos(\omega t + \chi), \tag{6.22}$$

$$\gamma = \gamma_a \text{sen}(\chi)\cos(\omega t) + \dot{\gamma}_a \cos(\chi)\text{sen}(\omega t). \tag{6.23}$$

Podemos definir dois novos parâmetros: $J' = \gamma_a \text{sen}(\chi)/\tau_a$ e $J'' = \gamma_a \cos(\chi)/\tau_a$, e escrever

$$\gamma = J'\tau_a \cos(\omega t) - J''\tau_a \text{sen}(\omega t), \tag{6.24}$$

ou

$$\gamma = J'\tau + \frac{J''}{\omega}\dot{\tau}. \tag{6.25}$$

Os parâmetros J' e J'' são chamados de compliâncias e têm unidade de módulo recíproco (ex.: $1/G$) e existem independentemente do modelo considerado. No caso particular do material de Maxwell, a deformação para uma imposição de tensão $\tau = \tau_a \cos(\omega t)$ pode ser expressa como (partindo da Eq. (6.5)):

$$\gamma = \frac{1}{G}\tau_a \cos(\omega t) + \frac{1}{\mu}\int_0^t \tau_a \cos(\omega t) dt. \tag{6.26}$$

Como em $t = 0$ temos que $\text{sen}(\omega t) = 0$,

$$\gamma = \frac{1}{G}\tau_a \cos(\omega t) - \frac{1}{\mu\omega}\tau_a \text{sen}(\omega t). \tag{6.27}$$

Para o modelo de Maxwell, $J' = 1/G$ e $J'' = 1/(\mu\omega)$ e as compliâncias têm uma relação simples e direta com o módulo elasticidade da mola e a viscosidade do amortecedor, respectivamente. De maneira análoga a forma de G' e G'' para o modelo de Maxwell, a forma de J' e J'' para o modelo de Kelvin-Voigt é mais complexa.

O comportamento dos módulos e das compliâncias obtidos de testes SAOS podem nos dizer o quanto o material analisado se assemelha a um Kelvin-Voigt (sólido viscoelástico) ou a um Maxwel (fluido viscoelástico). É importante ressaltar que as compliâncias podem ser relacionadas diretamente com G' e G'' conforme as equações seguintes:

$$J' = \frac{G'}{G'^2 + G''^2}, \tag{6.28}$$

$$J'' = \frac{G''}{G'^2 + G''^2}. \tag{6.29}$$

Portanto, sabendo-se os módulos de armazenamento G' e o de perda G'', obtém-se diretamente as compliâncias J' e J''. Uma interessante discussão sobre esse tema foi apresentada por Thompson, Alicke e Mendes (2015).

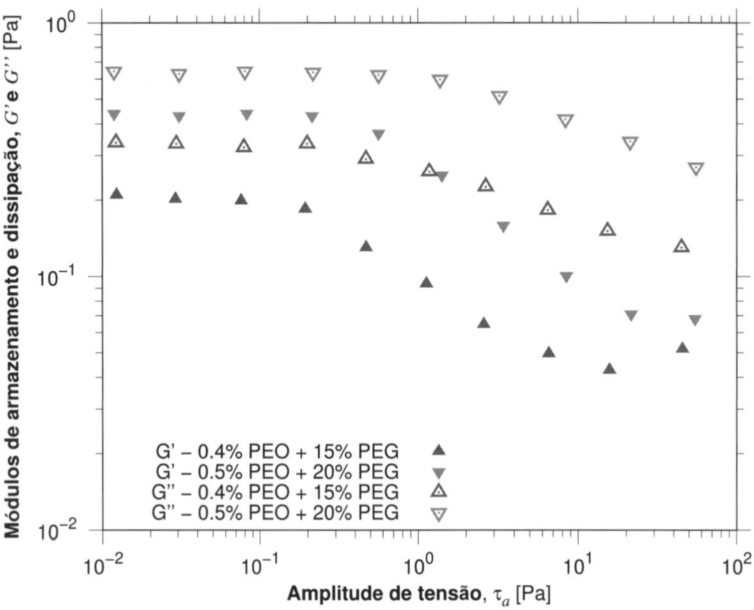

Figura 6.16 Módulos de armazenamento G' (símbolos cheios) e dissipação G" (símbolos vazios) em função da amplitude de tensão cisalhante para soluções de óxido de polietilelo (PEO) . Fonte: elaboração própria (baseada em dados de Oliveira et al. (2023))]

Depois de apresentar as ideias básicas em torno do teste SAOS, vamos discutir, usando as três próximas figuras (Figs. 6.16, 6.17 e 6.18), como essa categoria de testes é usada para caracterizar materiais não newtonianos. Enfim, o primeiro passo para conduzir um teste SAOS é garantir que o teste é feito dentro do limite de elasticidade linear. Na prática o que se pode fazer é um teste de G' e G'' (ou J' e J'') com frequência fixa com varredura de amplitude de tensão, como mostra a Fig. 6.16, com base em dados de Oliveira et al. (2023). Os autores usam duas soluções poliméricas contendo PEG (polietileno glicol), PEO (óxido de polietileno) e água. No teste em questão, os valores de G' e G'' são constantes para amplitudes de tensão menores 0,1 Pa, o que implica, pelas Eqs (6.28) e (6.29), que J' e J'' também são constantes dentro dessa faixa de amplitude. Portanto, os testes oscilatórios devem ser feitos com amplitudes de tensão menores ou iguais a 0,1 Pa.

A Fig. 6.17 mostra G' e G'' (Fig. 6.17(a)) e J' e J'' (Fig. 6.17(b)) em função da frequência f com $\tau_a = 0,1$ Pa. Os módulos G' e G'' aumentam com f em toda faixa de frequência, o que nos permite concluir que o material se comporta de maneira diferente de um Kelvin-Voigt, que já era de se esperar, pois trata-se de uma solução polimérica, um fluido viscoelástico. Para as duas soluções na Fig. 6.17, G' (símbolos cheios) é menor que G'' (símbolos vazios) em baixas frequências, mas cresce mais com f que G'' e o ultrapassa em altas frequências. Esse comportamento é típico de fluidos viscoelásticos. Com a Eq. (6.26), podemos ver que em baixas frequências o termo viscoso da equação é mais importante e em altas frequências ocorre o contrário, o temo elástico é mais importante. Portanto, como mostra a Fig. 6.17 (b), em baixas frequências J'' é maior que J', ou, de forma equivalente, G'' deve ser maior que que G' para fluidos viscoelásticos.

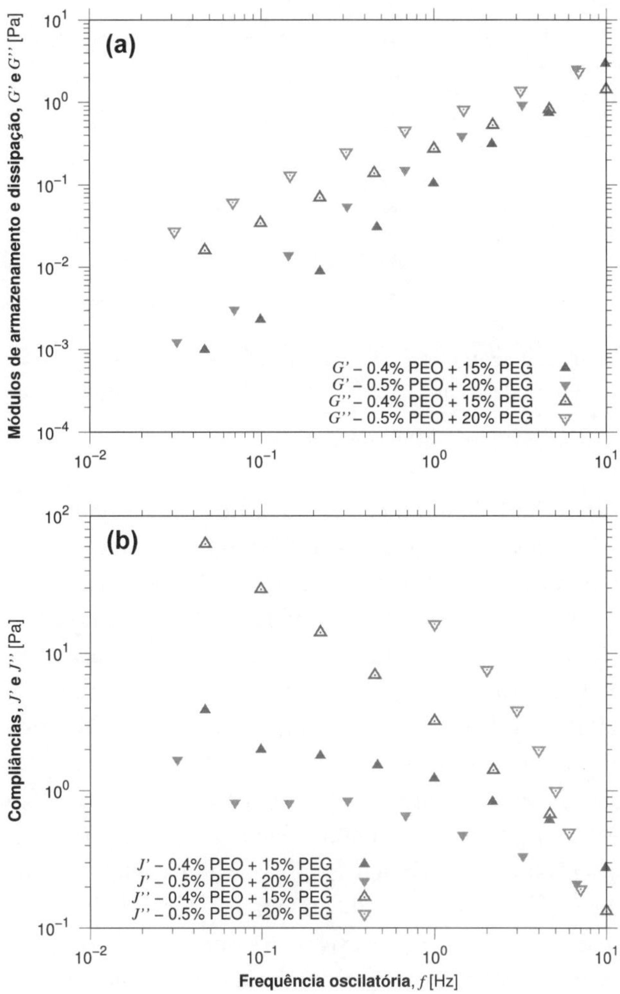

Figura 6.17 (a) Módulos de armazenamento G' (símbolos cheios) e dissipação G" (símbolos vazios) e (b) compliâncias J' e J'' em função da frequência soluções de óxido de polietilelo (PEO. Fonte: elaboração própria (baseada em dados de Oliveira et al. (2023))]

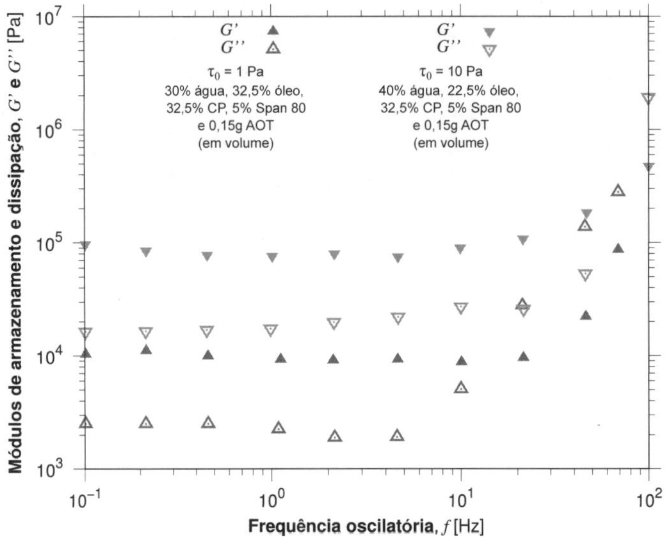

Figura 6.18 Módulos de armazenamento G' (símbolos cheios) e dissipação G" (símbolos vazios) em função da da frequência para hidratos de ciclopentano. Fonte: elaboração própria (baseada em dados de Ferrari (2022))

A Fig. 6.18 mostra G' e G'' em função de f com $\tau_a = 10$ Pa com hidratos (clatratos)[14] de ciclopentano.[15] Nos testes em questão, o hidrato foi formado a pressão atmosférica com choque de temperatura com 30% de água, 32,5% de óleo mineral e 32,5% de ciclopentano (maiores detalhes veja Ferrari (2022)). Diferente do teste anterior na Fig. 6.17, G' e G'' são aproximadamente constante em baixas frequências, indicando que o material se aproxima de um Kelvin-Voigt para $f < 10$. Mais ainda, G' é maior que G'' em baixas frequências e em altas frequências ocorre o contrário, característica de fluidos viscoplásticos. Para materiais com tensão de cedência, o comportamento para níveis de tensão abaixo de τ_0 é muitas vezes o de um sólido viscoelástico. A seção 6.3.3 discute o emprego de G' e G'' para estimar a tensão de cedência de materiais viscoplásticos. Ademais, os assunto de materiais elasto-viscoplástico, que apresentam tanto comportamento elástico quanto plásticos, é conduzido no Capítulo 7. De fato, o hidrato de ciclopentano é um material claramente viscoplástico. A Eq. (6.18) mostra que a tensão depende mais da parcela elástica da equação em baixas frequências e mais da parcela viscosa em altas frequências, o que implica G' ser maior que G'' em baixos valores de f e ser menor no caso contrário.

[14] Um Clatrato é um cristal de inclusão, no qual moléculas de uma substância são confinadas em cavidades formadas pela molécula hospedeira. No caso em questão, a molécula hospedeira é a água e a aprisionada é o ciclopentano.

[15] O ciclopentano é um hidrocarboneto altamente inflamável com fórmula química C_5H_{10}.

Testes oscilatórios podem ser utilizados para extrair informações interessantes sobre o espectro de relaxação dos materiais complexos. Um conjunto de valores de G_k e λ_k podem ser obtidos das curvas do módulo de armazenamento e dissipação do material. Como discutido na subseção 6.2.4, materiais complexos, em geral, contêm um espectro de tempos de relaxação, e não apenas uma única constante temporal como no modelo de Maxwell na forma canônica (Eq. 6.6). Podemos escrever G' e G'' como (MACOSKO, 1994)

$$G' = \sum_k G_k \frac{\omega^2 \lambda_k^2}{1 + \omega^2 \lambda_k^2} \tag{6.30}$$

$$G'' = \sum_k G_k \frac{\omega \lambda_k}{1 + \omega^2 \lambda_k^2}. \tag{6.31}$$

De forma similar ao teste de relaxação, um conjunto de λ_k pode ser previamente definido e em seguida ajustados os valores de G_k. A Fig. 6.19 mostra as curvas de G' e G'' em função da frequência oscilatória em um ensaio com polietileno de baixa densidade (LAUN, 1978 *apud* BIRD; ARMSTRONG; HASSAGER, 1987). Uma decomposição espectral dos módulos de armazenamento e dissipação é então realizada. As linhas sólidas finas correspondem aos módulos de armazenamento e dissipação do materiais de Maxwell com diferentes tempos de relaxação. As linhas tracejadas correspondem aos valores de G' e G'' pelo modelo de Maxwell generalizado e são dadas pela soma dos módulos dos modelos na forma canônica em uma dada frequência. Os valores de λ_k e G_k são apresentados na Tab. 6.2. A figura mostra que o comportamento em baixas frequências é dominado por longos tempos de relaxação e que a altas frequências a resposta é controlada pelos tempos de relaxação curtos.

Tabela 6.2 Tempos de relaxação, λ_k, e módulos de elasticidade, G_k, da decomposição espectral ajustados aos módulos de armazenamento, G', e dissipação, G'', de polietileno de baixa densidade. Fonte: dados extraídos de Laun (1978) *apud* Bird, Armstrong e Hassager (1987).

k	λ_k (s)	G_k (Pa)
1	10^3	1.00×10^0
2	10^2	1.80×10^2
3	10^1	1.89×10^3
4	10^0	9.80×10^3
5	10^{-1}	2.67×10^4
6	10^{-2}	5.86×10^4
7	10^{-3}	9.48×10^4
8	10^{-4}	1.29×10^5

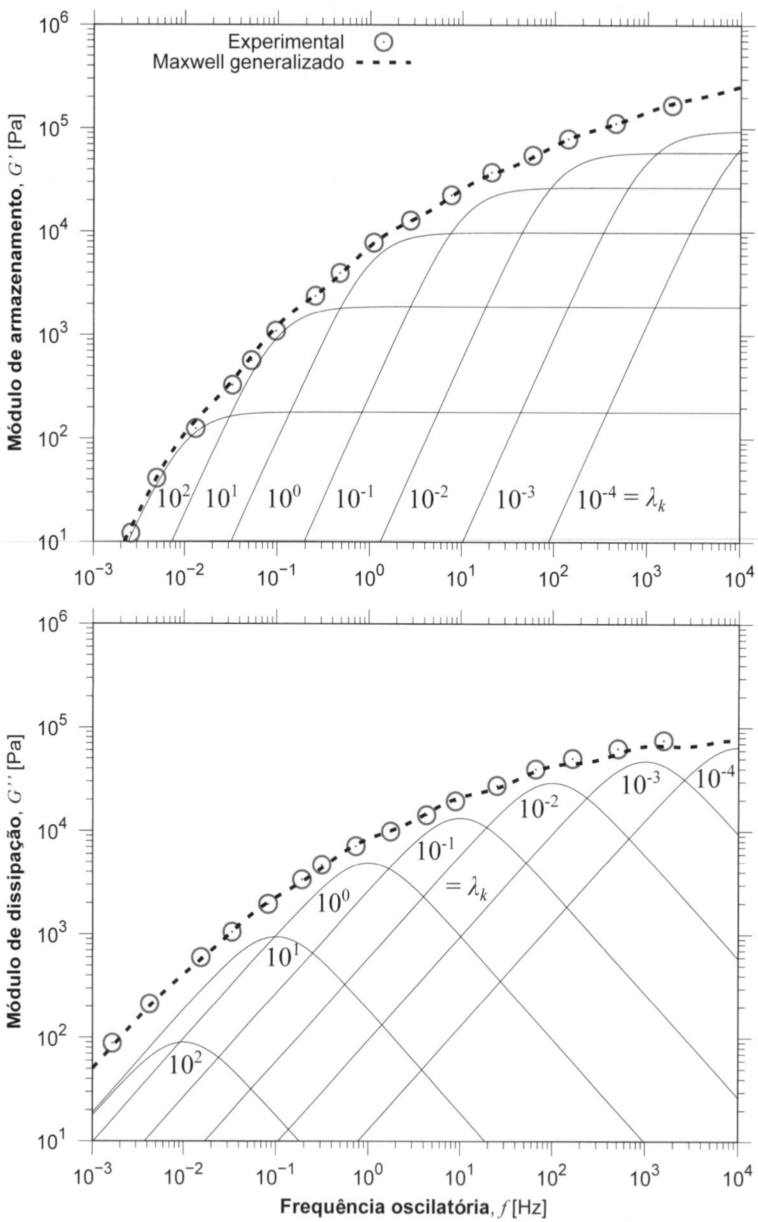

Figura 6.19 Módulos de armazenamento G' (superior) e dissipação G'' (inferior) de polietileno de baixa densidade. Dados experimentais (círculos cinzas) ajustados pelo modelo de Maxwell generalizado, Eq. (6.30) (linha preta tracejada). Fonte: elaboração própria (baseada em dados de Laun (1978) *apud* Bird, Armstrong e Hassager (1987).

6.3.2 Testes oscilatórios em altas e médias amplitudes

A maioria dos escoamentos reais ocorre com altas deformações, bem acima do limite de elasticidade linear. Essa é a grande motivação para realização de testes oscilatórios com altas amplitudes de deformação – em inglês, *large amplitude oscillatory shear* (LAOS). Não entraremos em detalhes (veja Giacomin e Dealy (1993)), pois a ideia aqui é apenas lembrar o leitor dessa possibilidade.

Em baixas amplitudes de deformação, dentro do limite de elasticidade linear, a resposta a um estímulo de tensão ou de deformação senoidal é também senoidal. Fora do limite linear, isso não acontece. Quando se impõe uma deformação senoidal $\gamma = \gamma_0 \text{sen}(\omega t)$, a resposta de tensão pode ser escrita como:

$$\tau(t) = \gamma_a \sum_{i=1}^{n} [G_i'(\omega, \gamma_a)\text{sen}(\omega t) + G_i''(\omega, \gamma_a)\cos(\omega t)] \tag{6.32}$$

Portanto, a resposta de tensão é uma série de senos e cosenos com diferentes módulos $G_i'(\omega, \gamma_a)$ e $G_i'(\omega, \gamma_a)$, que são função da amplitude de deformação e da frequência. O número de módulos necessários para descrever a tensão para dada amplitude de deformação depende do grau de não linearidade da deformação.

Uma forma interessante de estudar a resposta de materiais viscoelásticos a altas amplitudes de deformação ou tensão é por meio de curvas de Lissajous,[16] como mostra a Fig. 6.20. Essa forma paramétrica de curva que exclui o tempo é uma alternativa vantajosa às curvas de tensão e deformação no tempo, como na Fig. 6.14 (DEALY; PETERSEN; TEE, 1973). Os dados da referida figura vêm de um teste de imposição de tensão $\tau = \tau_a \text{sen}(\omega t)$. Quando a tensão é graficada em função da taxa de cisalhamento, como na Fig. 6.20, a curva é chamada de Lissajous viscosa. Se a amplitude de deformação for baixa, dentro do limite de elasticidade linear, pode-se demonstrar que a forma da curva é elíptica (Fig. 6.20). No teste em questão, a amplitude da tensão varia de -200 a 200 Pa, enquanto a taxa de deformação varia de de -10 a 10 s^{-1}.

A Fig. 6.21 mostra um mapa de curvas de Lissajous para uma solução de 1% Carbopol. As curvas foram obtidas variando a frequência e a amplitude de tensão τ_a. Independente da frequência de teste, com baixas amplitudes de tensão, os testes estão dentro do limite de elasticidade linear (SAOS) e as curvas são elípticas (curvas azuis tracejadas). À medida que se aumenta a amplitude de tensão, as deformações deixam de ser lineares e as curvas tendem a não ser elípticas (curvas rosas pontilhadas) (LAOS).

[16] Jules Antoine Lissajous, 4 de março de 1822 a 24 de junho de 1880, físico francês.

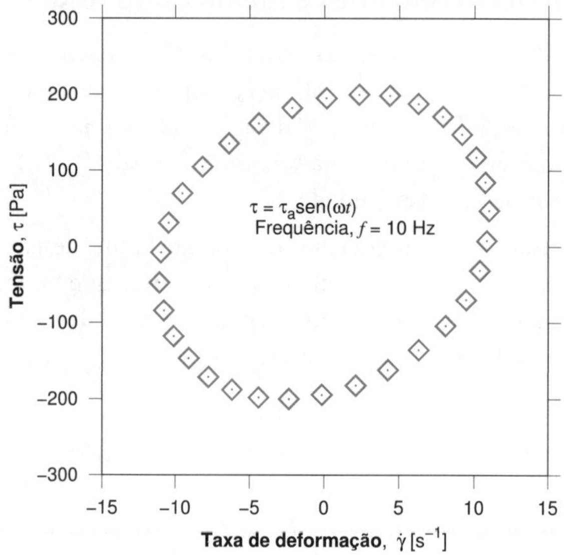

Figura 6.20 Curva de Lissajous viscosa para uma solução de 1% de Carbopol. Fonte: elaboração própria (baseada em dados de Vigaló (2019)).

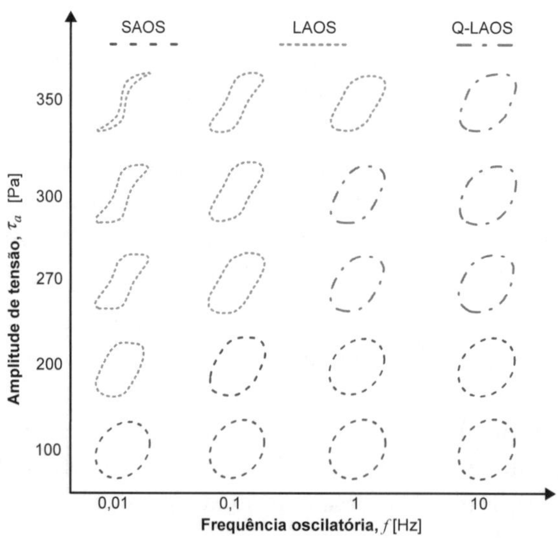

Figura 6.21 Mapa de curvas de Lissajous viscosas para solução de 1% de Carbopol, variando frequência e amplitude de tensão. Fonte: elaboração própria (baseada em dados de Vigaló (2019)).

Há um caso intermediário muito interessante, estudado recentemente por Leite, Mendes e Thompson (2019) que corresponde às curvas verde tracejadas e pontilhadas da Fig. 6.21. Os autores chamam o estado de tensão e deformação dessas curvas de quase linear – em inglês, *quasilinear large amplitude oscillatory shear* (QL-LAOS). Apesar da alta amplitude de tensão, acima de 270 Pa, as curvas têm um formato elíptico, o que permite um paralelo direto com o modelo Kelvin-Voigt em termos de G' e G'', o que não é possível com o LAOS. Para altas frequências, a microestrutura do material tem pouco tempo para experimentar um rearranjo significativo. Desse modo, mesmo que a tensão seja elevada, a resposta do material é próxima aquela do regime linear. Isso evoca uma dependência temporal da resposta do material, assunto discutido no Capítulo 8. Como discutido mais adiante na seção 6.5, o comportamento de materiais viscoelásticos depende tanto do tempo característico do material quanto do tempo característico do experimento.

6.3.3 Estimativa da tensão de cedência com testes oscilatórios

A Fig. 6.22 (dados extraídos de Dalla (2018)) mostra um teste de G' e G'' em função da tensão cisalhante para uma solução de 10% de Carbopol. Esse tipo de teste tem sido frequentemente usado para estimar a tensão limite de escoamento de materiais viscoplásticos (SOARES; THOMPSON; MACHADO, 2013; TARCHA et al., 2015; ANDRADE, 2016). Nesse tipo de teste, ao invés de se impor uma deformção senoidal, impõe-se uma tensão senoidal ($\tau(t) = \tau_a \text{sen}(\omega t)$), o que é equivalente. Em baixas amplitudes de tensão, essa solução bem concentrada de Carbopol se comporta como um sólido viscoelástico com G' e G'' aproximadamente constantes, como previsto pelo modelo Kelvin-Voigt em um ensaio com frequência constante. Ainda, G' é muito maior que G'', o que sugere que a estrutura do material ainda não foi substancialmente destruída. Com o aumento da amplitude da tensão para um valor próximo de 1000 Pa, G' cai abruptamente, sugerindo quebra da estrutura do material. A partir desse ponto, G' é menor que G''. O ponto de mudança de comportamento entre as curvas é frequentemente considerado como uma estimativa da tensão limite de escoamento. É importante lembrar que o valor de τ_0 é definido com base na curva de escoamento, mas o ponto de cruzamento das curvas é, sem dúvida, um indicador de tensão limite de escoamento. A partir desse ponto, o significado de G' e G'' é controverso, pois está além da viscoelasticidade linear, como já discutido.

No ponto em que estamos, é importante avançar na questão da estimativa da tensão limite de escoamento por meio de testes oscilatórios. Ao avançar nessa discussão, levantaremos um ponto interessante em reologia quem tem sido abordado recentemente: a ideia de uma deformação característica de materiais viscoplásticos, que chamaremos aqui de $\dot{\gamma}_c$. Alguns autores conjecturam sobre a deformação característica ser uma alternativa à tensão característica τ_0. Conduziremos essa discussão observando dados de G' e G'' obtidos com hidratos de ciclopentano. Os testes G' e G'' foram conduzidos com temperatura de 1 ^oC, impondo uma varredura de tensão (Fig. 6.23), como no teste anterior da Fig. 6.22, e uma varredura de deformação (Fig. 6.24). Em ambos os testes, os módulos G' e G'' foram obtidos com diferentes valores de frequência.

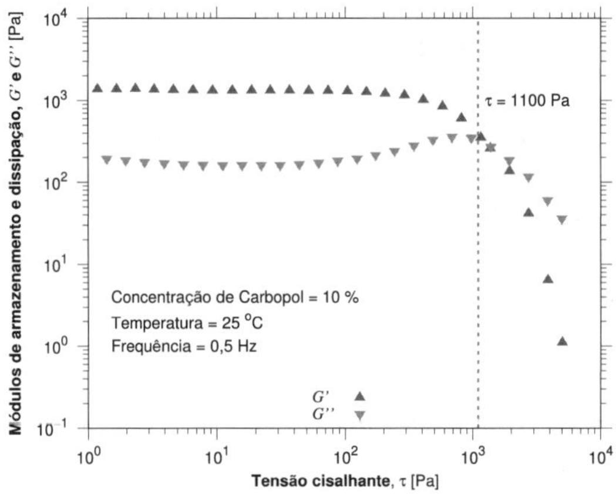

Figura 6.22 Módulos de armazenamento G' (triângulos roxos) e dissipação G'' (triângulos invertidos verdes) em função da tensão cisalhante para uma de solução de 10% de Carbopol a uma temperatura de 25 °C. $G' = G''$ em $\tau \approx 1100$ Pa. Fonte: elaboração própria (baseada em dados de Dalla (2018)).

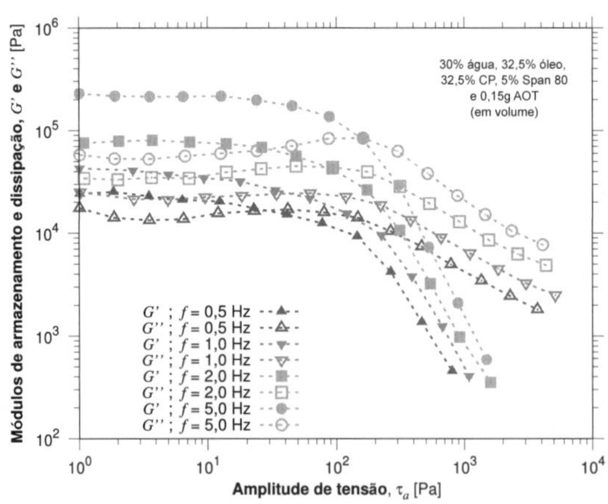

Figura 6.23 Módulos de armazenamento G' (símbolos cheios) e dissipação G" (símbolos vazios) em função da amplitude de tensão cisalhante para hidratos de ciclopentano. Fonte: elaboração própria (baseada em dados de Ferrari (2022)).

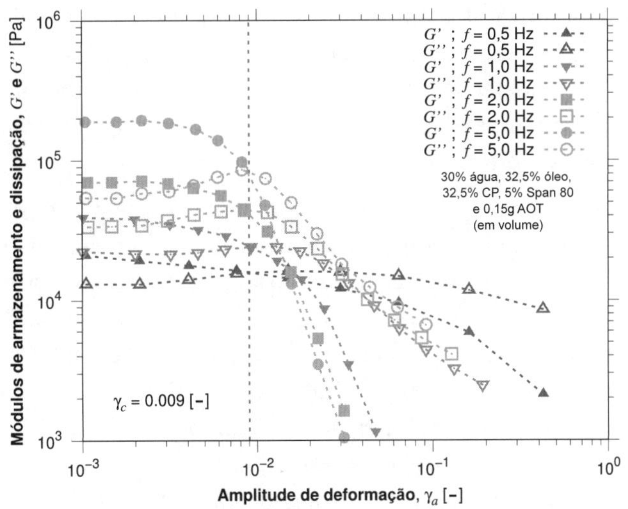

Figura 6.24 Módulos de armazenamento G' (símbolos cheios) e dissipação G" (símbolos vazios) em função da amplitude de deformação para hidratos de ciclopentano. Fonte: elaboração própria (baseada em dados de Ferrari (2022)).

O que é interessante notar é o fato de os pontos de cruzamento de G' e G'' mudarem quando se faz uma varredura de tensão. Portanto, a estimativa de τ_0 depende da frequência do teste. Na Fig. 6.23, essa estimativa varia de aproximadamente 30 Pa (triângulos roxos com $f = 0.5Hz$) a 160 Pa (círculos laranjas com $f = 5Hz$). Ferrari (2022), por meio de curvas de escoamento, obteve $\tau_0 \approx 70$ Pa, entre o valor mínimo e máximo estimado com varredura de tensão. Esse resultado reafirma que o uso de varredura de tensão para estimar τ_0 deve ser visto com cautela.

O teste de varredura de deformação menos comum na Fig. 6.24 indica algo muito interessante. Diferentemente do teste anterior, de varredura de tensão, as curvas de G' e G'' se cruzam sempre no mesmo ponto ($\gamma_c = 0,009$), independentemente da frequência. Portanto, por meio de testes oscilatórios com materiais viscoplásticos, parece ser mais clara a obtenção de uma deformação característica do que de uma tensão característica. A existência de uma deformação característica tem sido discutida por diferentes pesquisadores (HOU, 2012; TARCHA et al., 2015).

Para concluir essa discussão, resta propor uma explicação reológica para os dois testes anteriores, ou seja, por que o cruzamento de G' e G'' (considerando aqui que representa a quebra do material no teste oscilatório) depende da frequência quando se faz uma varredura de tensão, e não de deformação. Os materiais viscoplásticos são considerados como sólidos viscoelásticos antes da quebra de suas estruturas; portanto, podem, com certa razoabilidade, serem modelados como um material de Kelvin-Voigt.

No teste oscilatório, a tensão total em um material de Kelvin-Voigt é a soma de duas parcelas (Eq. (6.18), uma que atua na mola e outra que atua no amortecedor. A mola é associada à estrutura do material; portanto, é a tensão na mola que define se o material quebra ou não. Assim, ao impor uma amplitude de tensão no teste oscilatório, uma parte da tensão vai para mola e outra vai para o amortecedor.

O material quebra apenas quando a tensão na mola atinge sua tensão de cedência, o que obriga a amplitude da tensão imposta ser maior que a de cedência do material. Com aumento da frequência, a parcela viscosa da tensão total ($\mu\gamma_a\omega$) se torna relativamente maior, obrigando que a quebra ocorra em uma amplitude de tensão cada vez maior. Isso é visível na Fig. 6.23. A tensão de quebra é em torno de 30 Pa com $f = 0,5$ Hz, cresce um pouco para 45 Pa com $f = 1,0$ Hz, salta para 90 Pa com $f = 2,0$ Hz e chega a aproximadamente 160 Pa com $f = 5,0$ Hz. Se essa explicação faz sentido, o cruzamento de G' e G'' deve ser cada vez mais independente da frequência à medida que ela se reduz. É o que vemos na Fig. 6.23. Quando f cai de 2 Hz para 1 Hz (cai pela metade), o cruzamento de G' e G' cai de 90 Pa para 45 Pa (50% do valor anterior), mas, quando a frequência cai de 1 Hz para 0,5 Hz (também pela metade), o cruzamento de G' e G' cai de 45 Pa para 30 Pa (66,7% do valor anterior).

Finalmente, nos testes de varredura de deformação, γ_c é independente da frequência. A explicação, novamente com base no modelo Kelvin-Voigt, se apoia no fato da deformação total no teste oscilatório ser exatamente a deformação oscilatória imposta. Como a mola está em paralelo com o amortecedor, os dois componentes se deformam juntos, e, quando a mola atinge a deformação crítica, o material se quebra. Se o material fosse perfeitamente um Kelvin-Voigt, seria possível calcular uma tensão crítica (uma aproximação para τ_0) com γ_c, usando o valor de G' (veja o exercício 6.8).

6.4 MODELOS VISCOELÁSTICOS SIMPLES

Na maior parte dos problemas de interesse prático, os níveis de deformação são altos e, portanto, inviabilizam o uso de modelos viscoelásticos lineares, preconizados para escoamentos com baixa amplitude de deformação, discutidos na Seção 6.2. Para níveis altos de deformação, as equações constitutivas devem descrever, além da dependência temporal, fenômenos como os três efeitos apresentados na seção 6.1. Portanto, é clara a necessidade de modelos mais complexos que contemplem altas deformações. Existem vários modelos disponíveis na literatura, e aqui vamos apresentar três deles: o *fluido de segunda ordem* (seção 6.4.1), o *modelo de Maxwell convectado superior* (seção 6.4.2) e o *modelo de Oldroyd-B* (seção 6.4.3). O principal objetivo aqui é tornar os modelos complexos mais familiares aos alunos iniciantes em reologia e discutir alguns pontos fundamentais importantes.

Antes de introduzir os modelos, vamos tecer alguns comentários sobre a formulação de equações constitutivas (que relacionam variáveis de tensão e deformação) de materiais viscoelásticos. Existem duas abordagens para a formulação de tais equações: a abordagem molecular e a abordagem da mecânica do contínuo. No primeiro caso, as moléculas do material são representadas por um modelo físico. Por exemplo, uma molécula pode ser representada por um conjunto de esferas ligadas por molas. Os efeitos elásticos são introduzidos pela deformação das molas, enquanto os efeitos viscosos podem ser calculados a partir do arrasto de atrito entre as esferas e o fluido circundante (um solvente) usando a equação de Stokes (BARNES; HUTTON; WALTERS, 1989). Em seguida, os princípios governantes (por exemplo, princípios de conservação de momento e massa) são empregados para relacionar a tensão e a deformação médias e para formular equações constitutivas. Essa abordagem tende a ser mais específica e relevante para o material em questão, uma vez que a microestrutura subjacente do material é levada em consideração. Para mais informações sobre teoria molecular, o leitor pode consultar Bird et al. (1987) e Phan-Thien e Mai-Duy (2013). Já na abordagem contínua, nenhuma microestrutura é apresentada, e as equações são escritas de forma a garantir invariância sob mudança de referencial. Nessa abordagem, a equação constitutiva geralmente possui algumas funções indeterminadas que podem ser ajustadas por experimentos (PHAN-THIEN; MAI-DUY, 2013).

Oldroyd (1950) estabeleceu princípios baseados em conceitos da mecânica do contínuo para a admissibilidade de equações constitutivas. De acordo com esses princípios, as equações reológicas de estado devem:

- Ser independente do referencial. Portanto, deve-se usar uma formulação tensorial;
- Ser independente do movimento absoluto no espaço (por exemplo, movimento de corpo rígido);
- Depender apenas do histórico anterior do próprio elemento material e não dos elementos vizinhos (exceto para a pequena vizinhança arbitrária usada para calcular a deformação).

O tensor extra-tensão $\boldsymbol{\tau}$ e o tensor taxa de deformação $\dot{\boldsymbol{\gamma}}$ são objetivos, o que significa que eles independem da posição do observador. Porém, suas derivadas temporais, como em modelos viscoelásticos lineares (ex.: Eqs. (6.6), (6.9) e (6.10)), não são objetivas. Para resolver esse problema, Oldroyd (1950) introduziu um sistema de coordenadas convectivo que está embutido no material e se deforma continuamente com ele. Nesse novo sistema, uma partícula fluida mantém as mesmas coordenadas em todos os momentos, e a derivada do tensor de tensão torna-se objetiva. Ao trabalhar de uma forma tensorialmente consistente dentro do sistema de coordenadas convectivo, os princípios fundamentais 1 a 3 são satisfeitos.

Equações constitutivas admissíveis podem ser construídas, por exemplo, substituindo a derivada temporal nos modelos viscoelásticos lineares, que são válidos apenas para pequenas deformações, por outras derivadas objetivas. Essas derivadas podem ser obtidas a partir da derivada material no sistema de coordenadas convectivo, transformando-a no sistema de coordenadas fixo de "laboratório". Existem várias opções de derivadas convectivas; por exemplo, a derivada com convecção superior, a derivada com convecção inferior e a derivada de Jaumann (BIRD et al., 1987; LAI et al., 2009). No entanto, a abordagem do contínuo estabelece condições admissíveis, ou permissíveis, relativas à invariância do referencial, mas não relativas à escolha da derivada convectada, que acaba sendo arbitrária. Isso cria argumentos a favor da abordagem molecular, embora também contenha arbitrariedades quanto à representação da molécula. Curiosamente, a dinâmica molecular pode levar a modelos com derivadas temporais objetivas (MACOSKO, 1994). Das derivadas convectivas mencionadas, a derivada convectiva superior pode ser justificada (obtida) pela teoria molecular e tem uma resposta melhor para a maioria dos materiais do que as outras derivadas. Vale a pena também mencionar que as formulações da abordagem contínua podem igualmente fazer uso de princídios da termodinâmica. O arcabouço termodinâmico baseia-se na forma como o material armazena e dissipa energia, que deve obedecer à segunda lei da termodinâmica. Isso resulta em derivadas convectivas específicas, a depender do material que está sendo modelado (RAJAGOPAL; SRINIVASA, 2000).

A seguir, iremos apresentar os modelos do fluido de segunda ordem, de Maxwell convectado superior e de Jeffreys convectado superior, este último também conhecido como Oldroyd-B.

6.4.1 Modelo do fluido de segunda ordem

Talvez a equação constitutiva mais simples capaz de prever as diferenças de tensões normais é a equação do *fluido de segunda ordem*, na qual o tensor das tensões é escrito como:

$$\mathbf{T} = -p\mathbf{I}\eta_o\dot{\gamma} - 2\psi_{1,0}\overset{\nabla}{\dot{\gamma}} - \psi_{2,0}\dot{\gamma}\cdot\dot{\gamma} \tag{6.33}$$

A Eq. (6.33) é baseado na ideia da expansão de movimento retardo, que descreve pequenos desvios do comportamento newtoniano e é aplicável para pequenas taxas de deformação. Para uma discussão mais profunda, veja Bird et al. (1987) e Macosko (1994). O símbolo $^{\nabla}$ representa a derivada convectada superior, definida da seguinte forma:

$$\overset{\nabla}{\mathbf{A}} \equiv \dot{\mathbf{A}} - (\nabla\mathbf{u})^T\cdot\mathbf{A} - \mathbf{A}\cdot(\nabla\mathbf{u}) \tag{6.34}$$

Onde $\mathbf{A}$ é um tensor genérico e o termo $\dot{\mathbf{A}}$ é a derivada material ou total:

$$\dot{\mathbf{A}} = \frac{\partial \mathbf{A}}{\partial t} + \mathbf{u} \cdot \nabla \mathbf{A} \tag{6.35}$$

O termo $\partial \mathbf{A}/\partial t$ quantifica a variação do tensor em um ponto no espaço, $\mathbf{u} \cdot \nabla \mathbf{A}$ quantifica as mudanças no tensor quando uma partícula fluida se move de um ponto para outro e $(\nabla \mathbf{u})^T \cdot \mathbf{A} - \mathbf{A} \cdot (\nabla \mathbf{u})$ quantifica a deformação sofrida pelo tensor e surge da transformação do sistema de coordenadas convectivo que se move com as partículas para o sistema de coordenadas do "laboratório". Com a definição da derivada conectada superior, as tensões são produzidas apenas quando os elementos materiais são deformados e a mera rotação do elemento não produz tensão.

A Eq. (6.33) é não linear devido aos produtos do gradiente de velocidade nos termos $\overset{\nabla}{\dot{\boldsymbol{\gamma}}}$ e $\dot{\boldsymbol{\gamma}} \cdot \dot{\boldsymbol{\gamma}}$. Para levar em conta os desvios em relação ao comportamento newtoniano, a tensão é escrita como uma função de todos os termos de até segunda ordem do gradiente de velocidade em uma expansão em torno do estado de repouso. Na Eq. (6.33), o termo $-p\mathbf{I}$ é de ordem zero e o termo Newtoniano $\eta_o \dot{\boldsymbol{\gamma}}$ é de primeira ordem. Os termos $2\psi_{1,0}\overset{\nabla}{\dot{\boldsymbol{\gamma}}}$ e $\psi_{2,0}\dot{\boldsymbol{\gamma}} \cdot \dot{\boldsymbol{\gamma}}$ são de segunda ordem, pois envolvem uma segunda derivada do gradiente de velocidade e um produto escalar entre termos de primeira ordem, respectivamente, e representam um desvio do comportamento newtoniano. Modelos de ordem superior podem ser formulados com o emprego de produtos da taxa de deformação e derivadas de ordem superiores. Para um escoamento de cisalhamento simples em regime permanente, no qual os únicos termos não nulos de $\dot{\boldsymbol{\gamma}}$ são $\dot{\gamma}_{xy} = \dot{\gamma}_{xy} = \dot{\gamma}$, o tensor extra-tensão fica:

$$\boldsymbol{\tau} = \eta_0 \begin{bmatrix} 0 & \dot{\gamma} & 0 \\ \dot{\gamma} & 0 & 0 \\ 0 & 0 & 0 \end{bmatrix} + \psi_{1,0} \begin{bmatrix} \dot{\gamma}^2 & 0 & 0 \\ 0 & 0 & 0 \\ 0 & 0 & 0 \end{bmatrix} - \psi_{2,0} \begin{bmatrix} \dot{\gamma}^2 & 0 & 0 \\ 0 & \dot{\gamma}^2 & 0 \\ 0 & 0 & 0 \end{bmatrix} \tag{6.36}$$

É fácil mostrar que $\eta_0 = \tau_{xy}/\dot{\gamma}$, $\psi_{1,0} = (\tau_{xx} - \tau_{yy})/\dot{\gamma}^2$ e $\psi_{2,0} = (\tau_{yy} - \tau_{zz})/\dot{\gamma}^2$, são a viscosidade cisalhante, o primeiro coeficiente de tensões normais e o segundo coeficiente de tensões normais, respectivamente, em baixas taxas de deformação. Assim, a equação constitutiva do fluido de segunda ordem é capaz de prever diferenças de tensões normais. A Eq. (6.33) pode ser empregada para escoamentos cisalhantes em regime permanente para valores arbitrários da taxa de deformação substituindo-se as constantes η_0, $\psi_{1,0}$ e $\psi_{2,0}$ por coeficientes dependentes da taxa de deformação $\eta(\dot{\gamma})$, $\psi_1(\dot{\gamma})$ e $\psi_2(\dot{\gamma})$, de modo que a equação resultante é chamada de equação de Criminale-Ericksen-Filbey (CEF) (CRIMINALE; ERICKSEN; FILBEY, 1957). No entanto, ela não pode prever fenômenos viscoelásticos dependentes do tempo, como crescimento de tensão ou relaxamento de tensão previsto pelo modelos viscoelásticos lineares.

6.4.2 Modelo Diferencial de Maxwell Convectado Superior

Talvez a maneira mais evidente de incorporar a dependência temporal típica de materiais elásticos e os efeitos reológicos não lineares é introduzir as não linearidades na equação de Maxwell, Eq. (6.6). Como discutido no texto acima, isso é feito utilizando a formulação tensorial e substituindo o termo $d\tau/dt$ pela *derivada covectada superior*, $\overset{\nabla}{\boldsymbol{\tau}}$. O resultado disso é o *Modelo Diferencial de Maxwell Convectado Superior*,

$$\boldsymbol{\tau} + \lambda\overset{\nabla}{\boldsymbol{\tau}} = \mu\dot{\boldsymbol{\gamma}}. \tag{6.37}$$

A Eq. (6.37) é não linear devido aos produtos de gradiente de velocidade e tensão inclusos no termo $\overset{\nabla}{\boldsymbol{\tau}}$.

Agora como ilustração, vamos analisar um escoamento de cisalhamento simples com taxa de deformação constante com o modelo de Maxwell Convectado Superior, da mesma forma que fizemos na seção anterior, 6.2, para o caso do modelo de Maxwell. Essa é uma forma corriqueira de ter a primeira impressão dos modelos, uma vez que majoritariamente as medidas reológicas se baseiam em tais escoamentos. Considere portanto duas placas paralelas onde se impõe uma taxa de cisalhamento constante, $\dot{\gamma}$, a partir do tempo igual a zero. Reescrevendo a Eq. (6.37) com todos os termos da derivada convectada, ela toma a seguinte forma:

$$\boldsymbol{\tau} + \lambda\frac{\partial\boldsymbol{\tau}}{\partial t} + \lambda\mathbf{u}\cdot\boldsymbol{\nabla}\boldsymbol{\tau} - \lambda(\nabla\mathbf{u})^T\cdot\boldsymbol{\tau} - \lambda\boldsymbol{\tau}\cdot(\nabla\mathbf{u}) = \mu\dot{\boldsymbol{\gamma}}. \tag{6.38}$$

Se considerarmos o escoamento homogêneo, um escoamento em que a tensão é uniformemente distribuída, o termo $\boldsymbol{\nabla\tau}$ é nulo. Ainda, como só há cisalhamento em um único plano, trata-se aqui de um problema de escoamento simples, é de se esperar que somente os componentes τ_{11}, τ_{22}, τ_{33}, τ_{12} e τ_{21} sejam não nulos, sendo que $\tau_{12} = \tau_{21}$. As direções 1, 2 e 3 correspondem à direção do escoamento, direção da variação da velocidade e direção neutra (ou direção da vorticidade), respectivamente. Portanto, o tensor das tensões tem a seguinte forma:

$$\boldsymbol{\tau} = \begin{bmatrix} \tau_{11} & \tau_{12} & 0 \\ \tau_{21} & \tau_{22} & 0 \\ 0 & 0 & \tau_{33} \end{bmatrix}. \tag{6.39}$$

O gradiente de velocidade só tem o termo $\boldsymbol{\nabla u}_{21} = \dot{\gamma}$ não nulo. Conclui-se então que:

$$\mathbf{u}\cdot\boldsymbol{\nabla\tau} - (\nabla\mathbf{u})^T\cdot\boldsymbol{\tau} - \boldsymbol{\tau}\cdot(\nabla\mathbf{u}) = -\begin{bmatrix} 2\dot{\gamma}\tau_{12} & \dot{\gamma}\tau_{22} & 0 \\ \dot{\gamma}\tau_{22} & 0 & 0 \\ 0 & 0 & 0 \end{bmatrix}. \tag{6.40}$$

Portanto, em notação matricial os termos da Eq. (6.38) têm a seguinte forma:

$$\begin{bmatrix} \tau_{11} & \tau_{12} & 0 \\ \tau_{12} & \tau_{22} & 0 \\ 0 & 0 & \tau_{33} \end{bmatrix} + \lambda \frac{\partial}{\partial t} \begin{bmatrix} \tau_{11} & \tau_{12} & 0 \\ \tau_{12} & \tau_{22} & 0 \\ 0 & 0 & \tau_{33} \end{bmatrix} - \lambda \begin{bmatrix} 2\dot{\gamma}\tau_{12} & \dot{\gamma}\tau_{22} & 0 \\ \dot{\gamma}\tau_{22} & 0 & 0 \\ 0 & 0 & 0 \end{bmatrix} = \mu \begin{bmatrix} 0 & \dot{\gamma} & 0 \\ \dot{\gamma} & 0 & 0 \\ 0 & 0 & 0 \end{bmatrix}. \tag{6.41}$$

Portanto, para o caso simples de escoamento com imposição de taxa constante a partir do repouso, um escoamento homogêneo, nota-se que só existem dois componentes de tensão não nulos, τ_{11} e τ_{12}, que satisfazem as seguintes equações diferenciais:

$$\tau_{11} + \lambda \frac{\partial \tau_{11}}{\partial t} - 2\lambda \tau_{12} \dot{\gamma} = 0; \tag{6.42}$$

$$\tau_{12} + \lambda \frac{\partial \tau_{12}}{\partial t} = \mu \dot{\gamma}. \tag{6.43}$$

Considerando tensões nulas em $t = 0$, resolve-se a Eq. (6.43) e chega-se a

$$\tau_{12} = \mu \dot{\gamma} \left(1 - e^{-t/\lambda}\right). \tag{6.44}$$

Esse crescimento exponencial da tensão cisalhante é o mesmo que se obtém do modelo de viscoelasticidade linear de Maxwell, Eq. (6.6), e já resolvido anteriormente. Para tempos suficiente longos, $e^{-t/\lambda} \longrightarrow 0$ e a tensão se estabiliza em $\tau_{12} \longrightarrow \mu\dot{\gamma}$. Assim, em regime permanente, a viscosidade cisalhante é dada por

$$\eta = \mu = \frac{\tau_{12}}{\dot{\gamma}}. \tag{6.45}$$

A Eq. (6.45) nos mostra que a viscosidade cisalhante (em regime permanente) prevista pelo modelo de Maxwell Convectado Superior não é afiante, mas sim uma constante igual a viscosidade μ do amortecedor.

Entretanto, agora pode-se inferir uma tensão normal, resolvendo Eq. (6.42), chegando a

$$\tau_{11} = 2\mu\lambda\dot{\gamma}^2 \left[1 - e^{-t/\lambda}\left(1 + \frac{t}{\lambda}\right)\right]. \tag{6.46}$$

Portanto, o modelo de Maxwell Convectado Superior prevê a primeira diferença de tensões normais não nula $N_1 = \tau_{11} - \tau_{22} = \tau_{11}$ e a segunda diferença $N_2 = \tau_{22} - \tau_{33} = 0$. Em regime permanente, o modelo prevê ψ_1 como

$$\psi_1 = 2\mu\lambda, \tag{6.47}$$

o que também não é afiante.

Para o caso de uma extensão uniaxial em regime permanente, $u_x = \dot{\epsilon}x$; $u_y = -(1/2)\dot{\epsilon}y$; $u_z = -(1/2)\dot{\epsilon}z$, (veja o exercício 6.6), os componentes normais da tensão são dados por

$$\tau_{11} = \frac{2\mu\dot{\epsilon}}{1 - 2\lambda\dot{\epsilon}} \tag{6.48}$$

e

$$\tau_{22} = \tau_{33} = \frac{-\mu\dot{\epsilon}}{1 + \lambda\dot{\epsilon}}. \tag{6.49}$$

A viscosidade extensional, então, fica:

$$\eta_E = \frac{\tau_{11} - \tau_{22}}{\dot{\epsilon}} = \frac{2\mu}{1 - 2\lambda\dot{\epsilon}} + \frac{\mu}{1 + \lambda\dot{\epsilon}} \tag{6.50}$$

A Eq. (6.50) mostra que o modelo de Maxwell Convectado Superior prevê uma viscosidade extensional dilatante. De fato, o modelo prevê uma viscosidade extensional extremamente dilatante, pois $\eta_E \to \infty$ quando $\dot{\epsilon} \to (1/2)\lambda$, o que é um comportamento irreal. A faixa de $\dot{\epsilon}$ é, então, restringida, pois $\dot{\epsilon}$ deve ser menor do $(1/2)\lambda$, caso contrário a viscosidade cai com $\dot{\epsilon}$ para $\dot{\epsilon} > (1/2)\lambda$.

6.4.3 Modelo Diferencial de Jeffreys Convectado Superior: Modelo Oldroyd-B

O Modelo de Maxwell Convectado Superior apesar de prever algumas respostas viscoelásticas de soluções poliméricas, ele está longe de representar bem uma solução polimérica real. Na verdade o modelo é mais razoável quando as soluções são bem diluídas em solventes com baixa viscosidade, pois ele não considera a contribuição da tensão do solvente na tensão total. As soluções diluídas são aquelas nas quais os polímeros não têm uma interação muito forte entre eles, ou seja, eles não estão fortemente entrelaçados. Nos casos onde o solvente é muito viscoso, casos muito comuns, um outro modelo, ainda simples, é mais adequado, o chamado *Modelo Diferencial de Jeffreys Convectado Superior*, ou *Modelo Oldroyd-B* (OLDROYD, 1950).

No modelo Oldroyd-B a tensão tem duas parcelas: uma associada ao polímero e outra ao solvente, $\boldsymbol{\tau} = \boldsymbol{\tau}_p + \boldsymbol{\tau}_s$. Onde, a tensão do solvente, geralmente newtoniano, é simplesmente $\boldsymbol{\tau}_s = \eta_s\dot{\boldsymbol{\gamma}}$ e a contribuição polimérica é computada com o modelo de Maxwell Convectado Superior. Portanto, pode-se dizer que Modelo de Maxwell Convectado Superior está para o modelo de Maxwell assim como o modelo Oldroyd-B está para o modelo de Jeffreys. Então, escreve-se o modelo Oldroyd-B da seguinte forma:

$$\boldsymbol{\tau} = \boldsymbol{\tau}_p + \boldsymbol{\tau}_s$$
$$\boldsymbol{\tau}_s = \eta_s \dot{\boldsymbol{\gamma}}$$
$$\boldsymbol{\tau}_p + \lambda \overset{\nabla}{\boldsymbol{\tau}}_p = \eta \dot{\boldsymbol{\gamma}}. \tag{6.51}$$

Assim como o modelo de Maxwell Convectado Superior, o modelo de Oldroyd-B também prevê uma viscosidade extensional extremamente dilatante. O conjunto de equações acima pode ser combinado para se chegar a uma única equação (veja exercício 6.7 ao final do capítulo), na forma

$$\boldsymbol{\tau} + \lambda \overset{\nabla}{\boldsymbol{\tau}} = \eta \left[\dot{\boldsymbol{\gamma}}_1 + \lambda_{ret} \overset{\nabla}{\dot{\boldsymbol{\gamma}}} \right]. \tag{6.52}$$

Onde, $\eta = \eta_s + \eta_p$ é a viscosidade total, a soma da contribuição do polímero e do solvente, λ é o tempo relaxação e $\lambda_{ret} = \lambda\eta_s/(\eta_s + \eta_p)$ é o tempo de retardo.

Existem vários modelos de fluidos viscoelásticos, cada um mais adequado que outro para determinada aplicação. Alguns modelos mais complexos, como por exemplo os modelos de Phan-Thien Tanner (PTT), Giesekus e FENE-P, são de fato não lineares em $\boldsymbol{\tau}$ (e não apenas devido aos produtos de $\boldsymbol{\tau}$ e $\nabla \mathbf{u}$ inclusos em $\overset{\nabla}{\boldsymbol{\tau}}$) e apresentam uma viscosidade extensional finita e uma viscosidade cisalhante afinante. Nosso intuito aqui é meramente propiciar ao iniciante em reologia um pouco de intimidade com os modelos complexos e, com isso, discutir alguns conceitos básicos e destacar algumas questões importantes. Se o estudante com esse conteúdo não se torna um grande especialista em reologia, ao menos ganha os elementos básicos para um aprofundamento futuro. Finalmente, é bom destacar que o conteúdo aqui é suficiente para o planejamento e análise da grande parte dos testes reométricos, um dos grande objetivos deste livro.

6.5 NÚMERO DE DEBORAH E WEISSENBERG

O número adimensional mais importante para estudar escoamentos de fluidos newtonianos é o número de Reynolds. Esse adimensional depende de um único parâmetro reológico, a viscosidade μ. Quando se trata de fluidos puramente viscosos mais complexos, outros parâmetros são incluídos, como o índice *power-law*, n, e plasticidade, Pl, discutidos no Capítulo 5. Quando se trata de escoamento de fluidos viscoelásticos, o problema não pode ser estudado sem a inclusão de pelo menos mais um parâmetro adimensional. Os dois grupos adimensionais comumente empregados para estudar materiais viscoelásticos são o número de Debohah, De, e o de Weissenberg, Wi.

Não é raro encontrar na literatura um má compreensão desses dois grupos adimensionais. É comum ver na literatura ser chamado de Deborah um número que é na verdade Weissenberg, ou vice-versa. Também é comum ver os dois números serem tratados como se fossem sinônimos. Portanto, pela importância desses adimensionais, vamos cuidadosamente defini-los e distingui-los um do outro.

O número de Deborah infere o grau em que a elasticidade se manifesta em resposta a uma história de deformação transiente. Ele é a razão entre um tempo característico do material e um tempo de observação do fenômeno. Por outro lado, exceto em escoamento com deformação muito baixa, o comportamento de materiais viscoelásticos é altamente não linear, e o adimensional que tenta medir o grau em que as não linearidades viscoelásticas se manifestam é o número de Weissenberg. Ele é o produto entre o tempo característico do material e uma taxa de deformação característica. As definições de De e Wi podem ser resumidas pelas equações seguintes:

$$De = \frac{\lambda_m}{\lambda_{ob}} \tag{6.53}$$

$$Wi = \lambda_m \dot{\gamma}_c \tag{6.54}$$

Onde λ_m é um tempo característico do material, λ_{ob} é o tempo de observação do fenômeno e $\dot{\gamma}_c$ é uma taxa de deformação característica do escoamento. Uma rápida comparação entre Eq. (6.53) e Eq. (6.54) nos permite notar a diferença clara entre os números: ambos dependem do mesmo parâmetro material, reológico, λ_m, tempo característico do material; entretanto, o segundo parâmetro, referente ao escoamento, não é o mesmo em De e Wi. No primeiro, o parâmetro característico do escoamento é outro tempo, chamado de tempo de observação λ_{ob}, enquanto, no segundo, o parâmetro do escoamento é um taxa de deformação característica $\dot{\gamma}_c$. O inverso de $\dot{\gamma}_c$ não é um tempo de observação. De e Wi altos indicam elasticidade dominantes, enquanto De e Wi baixos indicam o oposto.

O número de Deborah foi cunhado por Markus Reiner,[17] em 1928, quando trabalhava com Eugene Bingham nos primórdios da criação da ciência da reologia. Deborah foi uma profetiza hebreia cujo famoso canto era dedicado à vitória dos hebreus contra os filisteus. Da literatura em inglês, o canto da profetisa diz "*The mountains flowed before the lord*", algo como "*Até as montanhas fluem aos olhos de Deus*". O tempo de relaxação λ de uma montanha é muito grande e o tempo de observação do ser humano (sua vida inteira) é muito pequeno, o que implica um De tendendo ao infinito. Portanto, para o ser humano, a montanha é um sólido. Entretanto, o tempo de observação de "Deus"é infinito; portanto, mesmo λ sendo muito grande, a conclusão de De aproxima-se de zero. Assim, para "Deus", a montanha é um fluido.

Finalmente, vamos considerar um exemplo simples de escoamento em que um fluido viscoelástico simples com tempo de relaxação λ se encontra inicialmente em repouso e é submetido a uma taxa de cisalhamento variável, com o tempo que sai de zero em $t = 0$

[17] Markus Reiner, 5 de janeiro de 1886 a 25 de abril de 1976, emblemático cientista israelense e pesquisador em reologia. Junto a Eugene Bingham cunhou o termo "reologia".

e chega a $\dot{\gamma}'$ em $t = t_f$. Nesse caso simples, o material sofre uma história de deformação variável com o tempo, e faz sentido o uso do número de Deborah, que pode ser estimado como $De = \lambda/(t_f - t_0)$. Se $\delta t = t_f - t_0$ for muito grande em comparação a λ, implicando que o material relaxa rapidamente e os efeitos elásticos são desprezíveis, De tende a zero. No caso contrário, se δ for muito pequeno em relação a λ, não há tempo para o material relaxar e os efeitos elásticos são dominantes, portanto, De tende ao infinito. Não faz sentido falar de De quando $t > t_f$. Desse instante adiante, o material está submetido a uma história de deformação constante e só faz sentido usar Wi, que pode ser calculado como $Wi = \lambda\dot{\gamma}'$.

Em geral, não é trivial definir propriamente De e Wi, porque não é simples identificar corretamente o tempo característico de um fluido real, o tempo característico de observação, nem uma taxa característica de deformação. Na verdade, a discussão em torno desses dois números é, de certa forma, complexa e tem despertado o interesse de vários pesquisadores ao longo dos anos. Há na literatura diversos trabalhos proeminentes sobre o assunto, e o leitor que quer se aprofundar no assunto é forçado à eles. Algumas referências clássicas são Slattery (1968), Reiner (1964), Marrucci e Astarita (1967), Keunings (1986) e Poole (2012).

EXERCÍCIOS PROPOSTOS

6.1 Integre a Eq. (6.9) e desenvolva a expressão para a deformação γ em um material de Kelvin-Voigt submetido a uma tensão τ.

6.2 Use a Fig. 6.10 como referência e chegue ao modelo de Jeffreys, pela Eq. (6.10).

6.3 A partir da Eq. (6.10), mostre que, se $\mu_2 \to \infty$, o modelo de Jeffreys se reduz ao modelo de Kelvin-Voigt.

6.4 Derive a Eq. (6.26) a partir da Eq. (6.6).

6.5 Demonstre as relações entre as compliâncias e os módulos de armazenamento de dissipação, pelas Eqs. (6.28) e (6.29).

6.6 Aplique o modelo de Maxwell Convectado Superior a um escoamento uniaxial ($u_x = \dot{\epsilon}x$; $u_y = -(1/2)\dot{\epsilon}y$; $u_z = -(1/2)\dot{\epsilon}z$). Obtenha expressões para os componentes do tensor τ.

6.7 Mostre que a Eq. (6.51) pode ser reescrita na forma da Eq. (6.52).

6.8 Considere os testes na Fig. 6.24. Estime a tensão crítica (uma aproximação para a tensão de cedência) com o valor de deformação crítica observada no teste.

CAPÍTULO 7

Fluidos elasto-viscoplásticos

Neste capítulo, discutiremos os materiais elasto-viscoplásticos (EVP), que, como o nome indica, apresentam tanto comportamento plástico quanto elástico. Um grande número de materiais reais com tensão de cedência se enquadram nessa categoria. Aqui, mostramos que modelos viscoplásticos inelásticos não são capazes de capturar alguns fenômenos físicos típicos desses materiais, mesmo que qualitativamente. Ao final, faremos uma sucinta introdução aos modelos elasto-viscoplásticos e os separaremos em duas categorias.

7.1 ASPECTOS GERAIS

Há uma abundância de materiais encontrados na natureza e em processos industriais que apresentam comportamentos altamente não newtonianos, como afinamento, dilatação, plasticidade e elasticidade. Uma importante classe de tais matareis são os fluidos estruturados (MENDES, 2011; MENDES; ABEDI; THOMPSON, 2018), e exemplos incluem argilas, ligas metálicas leves, lava, produtos alimentícios, produtos farmacêuticos, cremes, géis e loções cosméticas, tintas, fluidos biológicos, lama de perfuração, cimento fresco, petróleo bruto gelificado, alguns lubrificantes, emulsões, suspensões, espumas e vários tipos de pastas. Em baixos níveis de tensão, esses materiais se comportam como um sólido viscoelástico. Quando submetidos a uma tensão acima da tensão de cedência, ocorre um grande colapso de sua microestrutura, resultando em quedas significativas de viscosidade e elasticidade (MENDES, 2011). Tais materiais são ditos *elasto-viscoplásticos*. Uma dependência da viscosidade com o tempo de cisalhamento também é frequentemente observada. Nesse caso, a queda de viscosidade não ocorre instantaneamente, e os materiais são ditos tixotrópicos (MENDES, 2011). A tixotropia é discutida no Capítulo 8, e a análise desenvolvida no presente capítulo é a base para o desenvolvimento dos modelos elasto-viscoplásticos tixotrópicos.

Por conta das várias manifestações não newtonianas possíveis, a compreensão e modelagem de escoamentos de materiais elasto-viscoplásticos é uma tarefa com elevado grau de complexidade. Em certos casos, os efeitos elásticos presentes em materiais viscoplásticos reais são considerados pequenos e, portanto, são comumente desprezados para simplificar a modelagem. Modelos viscoplásticos inelásticos (discutidos no Capítulo 5) de materiais idealizados como o modelo de Bingham são normalmente empregados. Esse é o caso do Carbopol, uma solução amplamente utilizada para imitar o comportamento de um material viscoplástico ideal. O Carbopol apresenta algumas características como baixo custo, facilidade de preparação, transparência e pouquíssimo comportamento elástico a baixas taxas de cisalhamento (BALMFORTH; FRIGAARD; OVARLEZ, 2014; POURZAHEDI; ZARE; FRIGAARD, 2021). Contudo, alguns resultados observados experimentalmente com Carbopol não são previstos, nem mesmo qualitativamente, com modelos inelásticos, como é o caso da ascensão de bolhas em Carbopol e o escoamento de Carbopol por uma expansão/contração (LOPEZ; NACCACHE; MENDES, 2018; POURZAHEDI; ZARE; FRIGAARD, 2021).

No caso das bolhas, o formato de lágrima invertida observado em fluidos viscoelásticos (BIRD; ARMSTRONG; HASSAGER, 1987) também é comumente observado em Carbopol, mas não em fluidos inelásticos (DUBASH; FRIGAARD, 2007); portanto, simulações numéricas com modelos viscoplásticos inelásticos não são capazes de reproduzi-lo, nem mesmo qualitativamente (DIMAKOPOULOS; PAVLIDIS; TSAMOPOULOS, 2013). O formato de lágrima invertida observado em Carbopol é devido à sua elasticidade, mesmo que pequena (POURZAHEDI; ZARE; FRIGAARD, 2021).

A Fig. 7.1 esquematiza o formato de uma bolha ascendendo em um fluido newtoniano, em um viscoplástico inelástico, em um viscoelástico e em um elasto-viscoplástico. No caso do fluido newtoniano (primeira imagem), os efeitos inerciais tornam a bolha oblata. Nos outros casos, os efeitos plásticos e elásticos tornam a bolha prolata. O formato de lágrima só é observado em casos nos quais efeitos elásticos estão presentes (terceira e quarta imagens). Nos casos em que o material apresenta uma tensão de cedência (segunda e quarta imagens), a região em preto indica a região não cisalhada do material externo, enquanto que a em branco indica a cisalhada. Observe que a elasticidade influencia tanto no formato da bolha quanto no formato da região cisalhada.

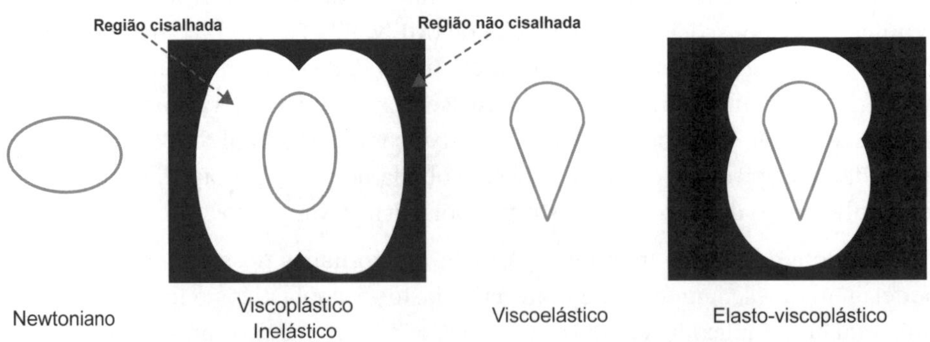

Figura 7.1 Ascensão de bolha em um material newtoniano, viscoplástico inelástico, viscoelástico e elasto-viscoplástico.

A Fig. 7.2 mostra um esquema de dois materiais viscoplásticos escoando através de uma expansão/contração. Na figura da esquerda, o material é inelástico, e a região cisalhada (em branco) é mais espessa próximo a saída. Essa assimetria é atribuída a efeitos inerciais. Na figura da direita, o material é elasto-viscoplástico, e a região próxima a entrada é mais espessa. Nesse caso, a assimetria é devido a efeitos elásticos (MENDES et al., 2007; SANTOS et al., 2014). Apesar de a elasticidade do Carbopol ser considerada relativamente baixa, ela modifica a região cisalhada, e desprezar seus efeitos pode prejudicar a predição do escoamento (FREY et al., 2015).

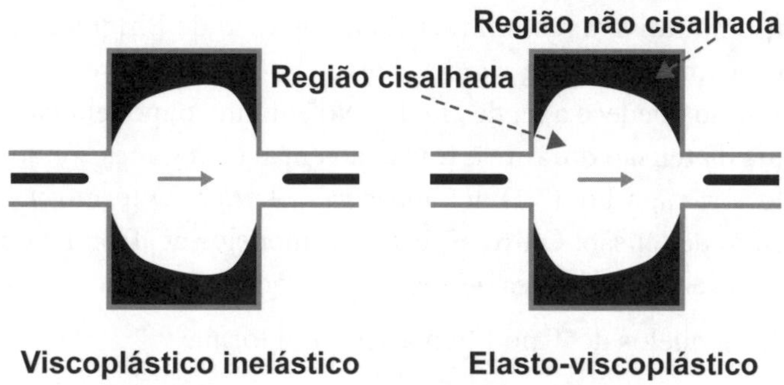

Figura 7.2 Escoamento de um material viscoplástico inelástico (figura da esquerda) e de um material elasto-viscoplástico (figura da direita) por uma expansão/contração. Fonte: elaboração própria (esquema construído com base em resultados de Hermany et al. (2013), Santos et al. (2014)).

Os efeitos elásticos observados experimentalmente na ascensão de bolhas e na expansão/contração são previsíveis numericamente, ao menos de forma qualitativa, com modelos que contemplam efeitos elásticos e plásticos, os ditos modelos elasto-viscoplásticos, que serão discutidos na próxima seção.

7.2 MODELOS ELASTO-VISCOPLÁSTICOS

Os modelos elasto-viscoplásticos (bem como os elasto-viscoplásticos tixotrópicos) podem ser categorizados em dois tipos (Tipo I e Tipo II), dependendo da base sobre a qual o modelo é construído (MENDES; THOMPSON, 2012). Os modelos do Tipo I têm como base (esqueleto principal) uma equação de tensão viscoplásticas, como o modelo de Bingham, representado pela Eq. (5.17) ou de Herschel-Bulkley, representado pela Eq. (5.25), e a elasticidade é atrelada ao modelo *a posteriori*. Os modelos do Tipo II partem de uma equação de tensão viscoelástica e a plasticidade é introduzida posteriormente, por meio de uma função viscosidade que inclui a tensão limite de escoamento. Para os modelos do Tipo II, o modelo de Maxwell, representado pela Eq. (6.6), normalmente serve como base.

Um dos modelos elasto-viscoplásticos mais intuitivos do Tipo I foi proposto por Oldroyd (1947), no qual a elasticidade é introduzida ao modelo de Bingham, escrevendo-se a contribuição sólida abaixo da tensão de cedência como um material Hoekeano:

$$\left\{\begin{array}{lll} \tau = \tau_0 + \mu_p\dot{\gamma} & ; & se\ \tau \geq \tau_0 \\ \tau = G\gamma & ; & se\ \tau < \tau_0 \end{array}\right\} \tag{7.1}$$

O modelo representa um avanço em relação ao modelo de Bingham, visto que agora o material não é completamente rígido abaixo da tensão limite de escoamento e a distribuição de tensão obedece à lei de Hooke. No entanto, o modelo não apresenta uma variação contínua da tensão durante a transição entre os regimes sólido e líquido, uma vez que, quando $\tau = \tau_0$, a Eq. (7.1) diz que $\tau = \tau_0 + \mu_p\dot{\gamma}$. O termo $\mu_p\dot{\gamma}$ na transição representa um salto de tensão. Outro aspecto dos modelos do Tipo I é que, quando eles são reduzidos à sua versão inelástica ($G \longrightarrow 0$), a versão viscoplástica não pode ser obtida.

A maioria dos modelos do Tipo I tem a seguinte forma:

$$\tau = G\gamma_e + \mu_p\dot{\gamma} \tag{7.2}$$

Onde a deformação elástica γ_e (a parte reversível da deformação total) pode, por exemplo, ser escrita como:

$$\left\{\begin{array}{lll} \gamma_e = \gamma_0 & ; & se\ \tau \geq \tau_0 \\ \gamma_e = \gamma & ; & se\ \tau < \tau_0 \end{array}\right\} \tag{7.3}$$

Nessa equação (inspirada no modelo elasto-viscoplástico tixotrópico de Mujumdar, Beris e Metzner (2002)), γ_0 é a deformação de cedência dada por $\gamma_0 = \tau_0/G$. Discutimos sobre a deformação de cedência no Capítulo 6.

É sempre importante obtermos um analógico mecânico para qualquer modelo não newtoniano. Quando a contribuição sólida do modelo descrito pela Eq. (7.2) é substituída por uma mola Hookeana, o modelo EVP em questão se assemelha ao modelo de sólido viscoelástico de Kelvin-Voigt. Contudo, no contexto de mecânica do fluidos, as equações constitutivas normalmente relacionam a tensão à taxa de deformação. Assim, de modo geral, temos $\gamma > \gamma_e$, e, quando empregado para modelar um fluido, o analógico mecânico de modelos do Tipo I contém um elemento escondido que é adicionado para levar em conta a deformação $\gamma - \gamma_e$. Um esquema possível de um analógico mecânico de um modelo do Tipo I é mostrado na Fig. 7.3, em que o elemento escondido é representado pelo sinal de interrogação. Esse mecanismo é o que diferencia a Eq. 7.2 do modelo de Kelvin-Voigt. Mendes e Thompson (2012) argumentam que, como a elasticidade deve ser dada somente por $G\gamma_e$, o componente escondido deve ser um mecanismo viscoso com a forma $\eta_h\dot{\gamma}_h$. O subscrito h indica escondido (do inglês *hidden*), uma vez que o componente não aparece explicitamente na equação da tensão. A forma do componente η_h é determinada então em função de γ_e, e não da tensão. Em muitos casos, a natureza do elemento escondido não é clara e ainda carece de uma discussão apropriada e mais profunda na literatura. Uma revisão de modelos do Tipo I pode ser encontrada em Saramito (2007) e Mendes e Thompson (2012).

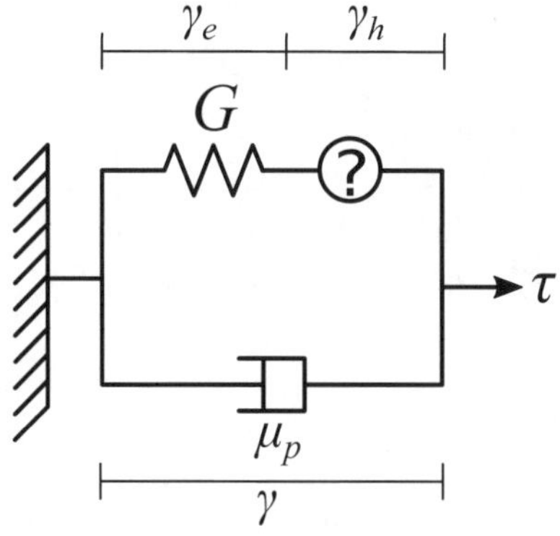

Figura 7.3 Analógico mecânico do modelo do Tipo I de Oldroyd (1947) com um elemento escondido.

Considerando o modelo de Maxwell como referência, os modelos do Tipo II podem ser construídos fazendo η uma função da taxa de deformação viscosa do amortecedor $\dot{\gamma}_v$, de modo que a viscosidade diverge (tende ao infinito) quando a taxa de cisalhamento tende a zero. A viscosidade do solvente também pode ser levada em conta, e, neste caso, o modelo de Jeffreys é usado como base. Para uma abordagem em três dimensões, o modelo de Oldroyd-B pode ser utilizado como base.

Segundo Mendes e Thompson (2012), os modelos do Tipo II apresentam algumas vantagens em relação aos modelos to Tipo I. Primeiro, os modelos do Tipo II podem ser claramente descritos por um analógico mecânico. Segundo, eles não requerem uma equação para a evolução de γ_e. Terceiro, eles se reduzem às formulações mais simples como fluidos newtonianos, viscoplásticos inelásticos e materiais puramente viscoelásticos.

O grande desafio dos modelos to Tipo II é obter a magnitude da taxa de deformação viscosa para calcular η. Uma possibilidade é escrever a taxa de deformação em função da tensão. Considere, por exemplo, um modelo do Tipo II baseado no modelo de Oldroyd-B, cujo analógico mecânico é apresentado na Fig. 7.4. A tensão $\boldsymbol{\tau}_p$ agindo na mola e no amortecedor do braço polimérico é a mesma. Podemos, então, calcular a parte deviatórica de $\boldsymbol{\tau}_p$ usando o amortecedor, ou seja, $\boldsymbol{\tau}_{pd} = \eta_p(|\dot{\boldsymbol{\gamma}}_v|)\dot{\boldsymbol{\gamma}}_v$. Como conhecemos $\boldsymbol{\tau}_p$ (e, consequentemente, $\boldsymbol{\tau}_{pd}$) da Eq. (6.51), devemos inverter a equação e escrever $|\dot{\boldsymbol{\gamma}}_v|$ em função de $|\boldsymbol{\tau}_{pd}|$. Iremos apresentar duas formas de realizar essa operação, seguindo os modelos propostos por Mendes (2011) e por Saramito (2007), Saramito (2009). Mas antes, é importante discutir o critério de von Mises para materiais elasto-viscoplásticos.

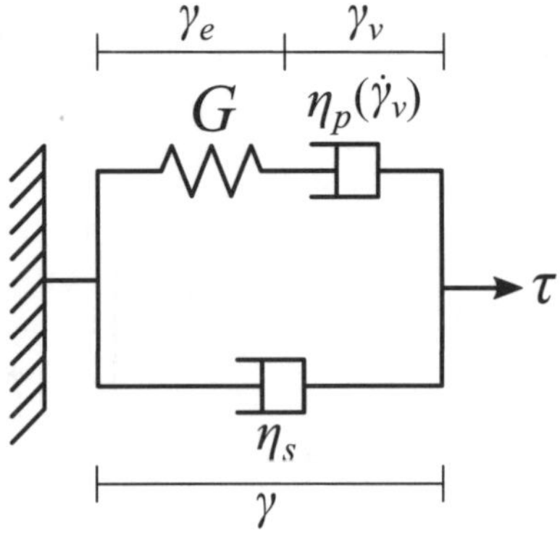

Figura 7.4 Analógico mecânico do modelo do Tipo II Mendes (2011).

Como visto na Capítulo 3, o tensor das tensões $\mathbf{T}$ pode ser divido em uma parte esférica e uma parte deviatórica (traço nulo). A primeira representa a tensão normal média compressiva. Já a segunda é responsável pela deformação do material. Para fluidos puramente viscosos (Fluidos Newtonianos Generalizados, por exemplo) e incompressíveis, a parte esférica é dada pelo tensor isotrópico $-p\mathbf{I}$, o qual não está vinculado a nenhuma quantidade cinemática, ou seja, não contém uma equação constitutiva. A parte deviatórica é dada pelo tensor extra-tensão $\boldsymbol{\tau}$ que é descrito por uma equação constitutiva. Nesse caso, a parte deviatórica do tensor extra-tensão é igual ao próprio tensor extra-tensão, $\boldsymbol{\tau}_d = \boldsymbol{\tau}$. No entanto, para materiais que apresentam efeitos elásticos, $\boldsymbol{\tau}$ contém uma parte não deviatórica. Como a cedência do material ocorre devido à quebra de sua microestrutura, a parte deviatórica de $\mathbf{T}$, responsável pela deformação do material, é utilizada no critério de von Mises. Para fluidos puramente viscosos, ela é simplesmente $\boldsymbol{\tau}$. Contudo, para materiais elasto-viscoplásticos, a parte deviatórica de $\mathbf{T}$ é dada por $\boldsymbol{\tau}_d = \boldsymbol{\tau} - \text{tr}(\boldsymbol{\tau})\mathbf{I}/3$. O tensor $-p\mathbf{I}$ sozinho, então, deixa de representar a pressão mecânica e a parte esférica do tensor das tensões é dada por $(\text{tr}(\mathbf{T})/3)\mathbf{I} = (-p + \text{tr}(\boldsymbol{\tau})/3)\mathbf{I}$.

Na formulação de Mendes (2011), $|\dot{\gamma}_v|$ é encontrado por um processo iterativo, de modo que $\eta_p(|\dot{\gamma}_v|)|\dot{\gamma}_v| \in (|\boldsymbol{\tau}_{pd}| - E, |\boldsymbol{\tau}_{pd}| + E)$. Onde, E é uma margem de erro e $\eta_p(|\dot{\gamma}_v|)$ pode ser expresso pelo modelo SMD, Eq. (5.28), de modo que

$$\eta_p(|\dot{\gamma}_v|) = \left[1 - \exp\left(-\frac{\eta_o|\dot{\gamma}_v|}{\tau_0}\right)\right]\left[\frac{\tau_0}{|\dot{\gamma}_v|} + K|\dot{\gamma}_v|^{n-1}\right]. \tag{7.4}$$

A Eq. (7.4) pode ser vista como uma versão regularizada do modelo de Herschel-Bulkley, no qual o termo entre os primeiros colchetes é o de regularização. A viscosidade η_o é elevada, mas finita. Assim, η_p tende à η_o e não ao infinito quando $\dot{\gamma}_v \rightarrow 0$. Ademais, η_p tende à zero quando $\dot{\gamma}_v \rightarrow \infty$. Contudo, observe o leitor, com base no analógico mecânico do modelo na Fig. 7.4, a viscosidade do material não vai a zero no caso de η_s não ser nulo. Isso não acontece com o modelo original de Herschel-Bulkley. Observe que a transição da tensão durante a cedência do material ocorre de maneira contínua. No caso do modelo ser empregado em uma simulação numérica que marcha no tempo, $\eta_p(|\dot{\gamma}_v|)$ é calculado após se encontrar $|\dot{\gamma}_v|$, que satisfaz $\eta_p(|\dot{\gamma}_v|)|\dot{\gamma}_v| \in (|\boldsymbol{\tau}_{pd}| - E, |\boldsymbol{\tau}_{pd}| + E)$, e então é usado no próximo passo de tempo para calcular $|\boldsymbol{\tau}_p|$.

Nos modelos de Saramito (2007), Saramito (2009), η_p é modelado como um fluido de Bingham e de Herschel-Bulkley, respectivamente. $|\dot{\gamma}_v|$ é explicitamente escrito como uma função de $|\boldsymbol{\tau}_{pd}|$. Assim, η_p pode ser escrito em função de $|\boldsymbol{\tau}_{pd}|$ ao invés de $|\dot{\gamma}_v|$. Vale ressaltar que o modelo obedece a segunda lei da termodinâmica e prediz uma tensão contínua durante a cedência do material. Partindo da Eq. (5.17) do modelo de Bingham, podemos escrever $|\dot{\gamma}_v|$ em função de $|\boldsymbol{\tau}_{pd}|$ e μ_p (SARAMITO, 2007):

$$\left\{\begin{array}{ll} |\dot{\gamma}_v| = \dfrac{|\boldsymbol{\tau}_{pd}| - \tau_0}{\mu_p} & ;\ se\ \ |\boldsymbol{\tau}_{pd}| \geq \tau_0, \\ |\dot{\gamma}_v| = 0 & ;\ se\ \ |\boldsymbol{\tau}_{pd}| < \tau_0. \end{array}\right\} \tag{7.5}$$

Isso é equivalente a:

$$|\dot{\gamma}_v| = \max\left(\frac{|\boldsymbol{\tau}_{pd}| - \tau_0}{\mu_p}, 0\right) \tag{7.6}$$

Assim, a equação da viscosidade do modelo de Bingham pode ser reescrita como:

$$\left\{\begin{array}{ll} \eta_p = \dfrac{\mu_p|\boldsymbol{\tau}_{pd}|}{|\boldsymbol{\tau}_{pd}| - \tau_0} & ;\ se\ \ |\boldsymbol{\tau}_{pd}| \geq \tau_0, \\ \eta_p = \infty & ;\ se\ \ |\boldsymbol{\tau}_{pd}| < \tau_0. \end{array}\right\} \tag{7.7}$$

Essa formulação pode ser substituída na equação da tensão polimérica do modelo de Oldroyd-B, representado pela Eq. (6.51):

$$\frac{1}{\eta_p}\boldsymbol{\tau}_p + \frac{1}{G}\overset{\nabla}{\boldsymbol{\tau}}_p = \dot{\boldsymbol{\gamma}} \tag{7.8}$$

ou

$$\max\left(\frac{|\boldsymbol{\tau}_{pd}| - \tau_0}{|\boldsymbol{\tau}_{pd}|}, 0\right)\boldsymbol{\tau}_p + \frac{\mu_p}{G}\overset{\nabla}{\boldsymbol{\tau}}_p = \mu_p\dot{\boldsymbol{\gamma}} \tag{7.9}$$

O analógico mecânico do modelo de Saramito (2007) é exibido na Fig. 7.5, em que η_p é substituído por um elemento de atrito τ_0 e um amortecedor μ_p.

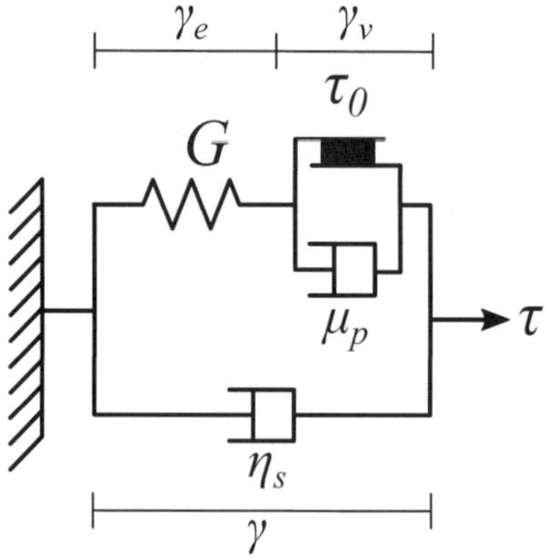

Figura 7.5 Analógico mecânico do modelo de Saramito (2007).

Observe que o tempo de relaxação é $\lambda = \eta_p/G$, e não μ_p/G, de modo que λ não é mais uma constante. Para modelos EVPs, G normalmente é uma constante, mas o tempo de relaxação não, pois η_p é função de $|\dot{\boldsymbol{\gamma}}_v|$ ou, equivalentemente, de $|\boldsymbol{\tau}_{pd}|$. Assim, é importante ressaltar que, para modelos EVPs, a elasticidade do material, indicada por λ, depende do nível de plasticidade (OISHI; THOMPSON; MARTINS, 2019). Isso ocorre pois η_p inclui τ_0, de modo que, para o modelo de Saramito (2007), $\lambda = (\tau_0/|\dot{\boldsymbol{\gamma}}_v| + \mu_p)/G$.

O modelo de Saramito (2009) utiliza o modelo Herschel-Bulkley ao invés do modelo de Bingham, de modo que:

$$\eta_p = \begin{cases} \left(\dfrac{K|\boldsymbol{\tau}_{pd}|^n}{|\boldsymbol{\tau}_{pd}| - \tau_0}\right)^{1/n} & \text{if} \quad |\boldsymbol{\tau}_{ps}| \geq \tau_0, \\ \infty & \text{if} \quad |\boldsymbol{\tau}_{pd}| < \tau_0, \end{cases} \tag{7.10}$$

e

$$\max\left(\frac{|\boldsymbol{\tau}_{pd}|-\tau_0}{K|\boldsymbol{\tau}_{pd}|^n},0\right)^{1/n}\boldsymbol{\tau}_p+\frac{1}{G}\overset{\nabla}{\boldsymbol{\tau}}_p=\dot{\boldsymbol{\gamma}} \tag{7.11}$$

Para um material de Saramito (2007), Saramito (2009), a equação de Cauchy, representada pela Eq. (3.50), pode ser escrita como:

$$\rho\left[\frac{\partial \mathbf{u}}{\partial t}+\mathbf{u}\cdot\nabla\mathbf{u}\right]=-\nabla p+\nabla\cdot\left[\boldsymbol{\tau}_s+\boldsymbol{\tau}_p\right]+\rho\mathbf{g} \tag{7.12}$$

Onde $\boldsymbol{\tau}_s=\eta_s\dot{\boldsymbol{\gamma}}$ e $\boldsymbol{\tau}_p$ é dado pela Eq. (7.9) (SARAMITO, 2007) ou Eq. (7.11) (SARAMITO, 2009). Observe que $\boldsymbol{\tau}_s=\boldsymbol{\tau}_{sd}$, mas $\boldsymbol{\tau}_p\neq\boldsymbol{\tau}_{pd}$, devido à natureza elástica do material.

Os modelos do Tipo II são redutíveis às formulações mais simples, com alterações nos valores de G e τ_0. A Tab. 7.1 apresenta as diferentes formulações obtidas em função dos valores de G e τ_0 para o modelo de Saramito (2007). A formulação resultante pode ser verificada aplicando G e τ_0 ao analógico mecânico da Fig. 7.5.

Tabela 7.1 Reduções do modelo de Saramito (2007) em função dos valores de G e τ_0.

Formulação	G	τ_0
Newtoniano	$0,\ \infty$	0
Fluido viscoelástico	$]0,\infty[$	0
Sólido viscoelástico	$]0,\infty[$	∞
Viscoplástico inelástico	∞	$]0,\infty[$
Elasto-viscoplástico	$]0,\infty[$	$]0,\infty[$

Para exemplificar o comportamento do material com mudanças nos níveis de plasticidade e elasticidade, iremos utilizar as Fig. 7.6 e 7.7. A Fig. 7.6 mostra a evolução da tensão com o tempo para materiais de Saramito (2007) (no qual η_p é dado pelo modelo de Bingham) com diferentes níveis de plasticidade submetidos a uma taxa de deformação $\dot{\gamma}$ constante. O número de plasticidade é dado por $Pl=\tau_0/\eta_{pc}\dot{\gamma}_c$, em que $\eta_{pc}=\tau_0/\dot{\gamma}+\mu_p$ é uma viscosidade característica, igual a $\eta_p(\tau)$ em regime permanente (quando a tensão se estabiliza) e $\dot{\gamma}_c$ é a taxa de deformação característica. Como a taxa de deformação é imposta e constante, $\dot{\gamma}_c=\dot{\gamma}$. Aqui temos que, para $Pl=0$, $\tau_0=0$ e μ_p é finito, enquanto que para $Pl=1$, $\mu_p=0$ e τ_0 é finito. O η_{pc} tem o mesmo valor para todos os casos. Por simplicidade, assumimos $\eta_s=0$ e o modelo de Saramito (2007) se reduz a um modelo similar ao de Maxwell convectado, mas que inclui plasticidade. Para $Pl>0$, a tensão inicialmente aumenta de forma linear com o tempo, até que $\tau=\tau_0=G\gamma_0$. Quando o material cede, o aumento da tensão com o tempo deixa de ser linear. O período no qual τ é proporcional a t aumenta com o nível plasticidade e, para $Pl = 1$, o regime permanente é atingido instantaneamente após a cedência do material (linha preta tracejada). No caso hipotético de $Pl = 1$ em razão de $\tau_y = \infty$ (não mostrado na figura), o material nunca cederia. Nesse caso, ele se comportaria como um sólido viscoelástico (ex.: modelo de Kelvin-Voigt), e a taxa de deformação constante imposta faria τ aumentar indefinida e linearmente com t.

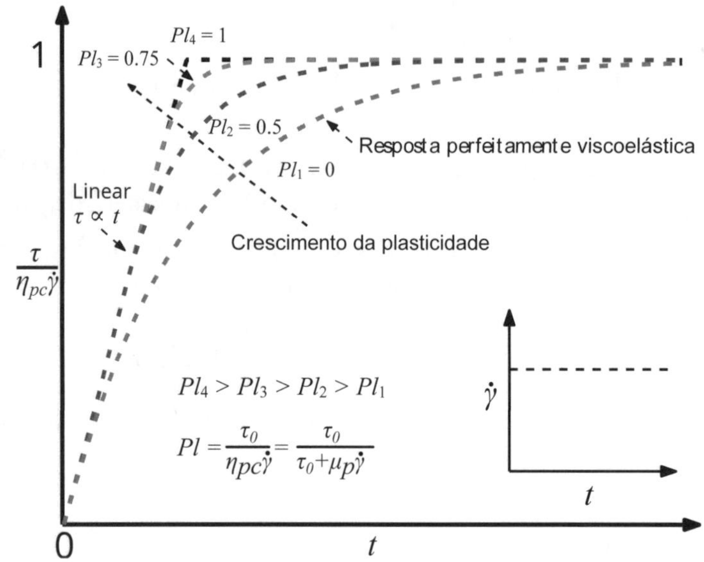

Figura 7.6 Variação da tensão τ com o tempo t a uma taxa de deformação constante para diferentes números de plasticidade Pl. O material é representado por um material de Saramito (2007), com $\eta_s = 0$.

A Fig. 7.7 exibe a evolução da tensão com o tempo de um material de Saramito (2007) com $\eta_s = 0$ submetido a uma taxa de deformação $\dot{\gamma}$ constante para diferentes tempos de relaxação λ. Para $G = \infty$, temos $\lambda = \eta_p/G = 0$, e o material se comporta como um fluido de Bingham (linha verde tracejada). Com o aumento de λ (ou diminuição de G para η_p finito), há um atraso na resposta da tensão, e o tempo necessário para a estabilização de τ aumenta.

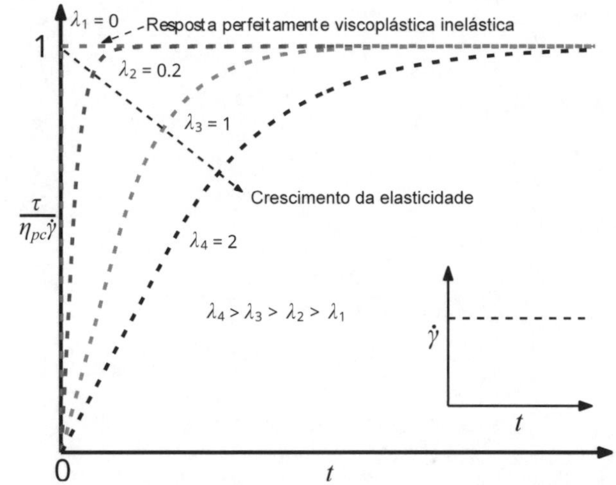

Figura 7.7 Variação da tensão τ com o tempo t a uma taxa de deformação constante para diferentes tempos de relaxação λ. O material é representado por um material de Saramito (2007), com $\eta_s = 0$ e $Pl = 0.5$.

EXERCÍCIOS PROPOSTOS

7.1 Desenvolva a expressão para a viscosidade polimérica do modelo de Saramito (2007) em função da tensão.

7.2 Desenvolva a expressão para a viscosidade polimérica do modelo de Saramito (2009) em função da tensão.

7.3 Aplique o modelo de Saramito (2007) a (a) um escoamento de cisalhamento simples ($u_x = \dot{\gamma}y$; $u_y = 0$; $u_z = 0$) e a (b) um escoamento extensional uniaxial ($u_x = \dot{\epsilon}x$; $u_y = -(1/2)\dot{\epsilon}y$; $u_z = -(1/2)\dot{\epsilon}z$). Obtenha expressões para os componentes do tensor $\boldsymbol{\tau_p}$. Por simplicidade, considere $\eta_s = 0$. Em seguida, com o auxílio de um programa de computador, resolva as equações diferenciais resultantes e plote o gráfico da tensão em função de tempo.

7.4 Proponha um conjunto de números adimensionais para o caso de uma bolha ascendendo em um material elasto-viscoplástico.

7.5 Proponha um conjuntos de números adimensionais para o escoamento de um material elasto-viscoplástico em um tubo.

CAPÍTULO 8

Tixotropia

Neste capítulo, vamos discutir um fenômeno extremamente importante em reologia: a *tixotropia*, que impõe ao material uma forte dependência com o tempo. Inicialmente, vamos abordar alguns aspectos gerais antes de discutir com um pouco de mais detalhes a estrutura de materiais tixotrópicos. Por fim, vamos brevemente falar de modelos de materiais tixotrópicos — na verdade, os primórdios da modelagem de tixotropia.

8.1 DEFINIÇÃO E ASPECTOS GERAIS

Diversos materiais manifestam o comportamento não newtoniano conhecido como tixotropia, que, de forma bem simples, está relacionado à queda da viscosidade com o tempo enquanto se mantém a taxa de cisalhmento constante. Uma das primeiras observações desse fenômeno nos remonta a 1923, quando Schalek e Szegvari (BAUER; COLLINS, 1967) observaram que uma mistura de óxido de ferro em água, um gel em repouso, tornava-se completamente líquida quando agitada lentamente e se solidificava de novo quando em repouso por um tempo. É importante enfatizar que esse comportamento cíclico, reversível, é que caracteriza a tixotropia.

Uma boa revisão dos conceitos básicos em tixotropia está em Barnes (1997). Segundo o autor, o termo tixotropia foi cunhado por Peterfi em 1927 (veja citação no referido artigo), no primeiro trabalho que descreve propriamente o fenômeno. O termo vem do grego *thixis*, que significa *chaqualhar*, e *trepo*, que significa *mudar*. Mais detalhadamente, pode-se dizer que tixotropia se caracteriza por uma mudança reversível de um material inicialmente em estado de gel, quando submetido a uma taxa de deformação constante, para um material mais fluido, com menor viscosidade, e retorna à condição inicial de gel, mais viscoso, quando em repouso.

Em geral, um material tixotrópico é uma suspensão.[18] Na natureza, são vários os materiais com essa característica, como neve, lama, lava vulcânica, pasta de cimento, fluidos abrasivos etc. Comumente, os materiais que exibem características viscoplásticas também são tixotrópicos. Modelos como de Bingham e Herschel-Bulkley, por exemplo, caracterizariam apenas o comportamento do material em regime permanente.

[18] Uma mistura de líquido com algum material particulado.

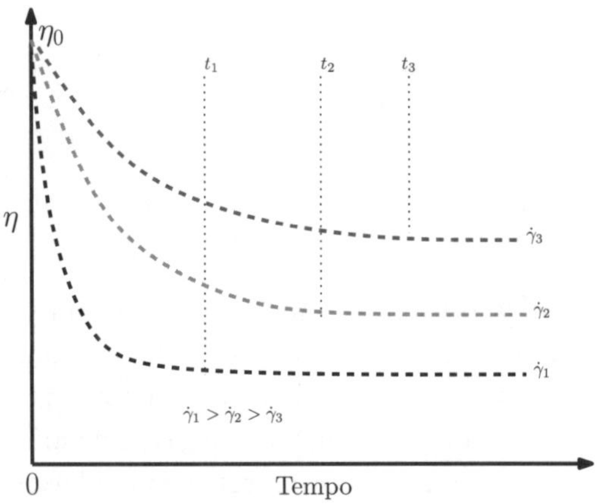

Figura 8.1 Queda da viscosidade com o tempo com imposição de três taxas de cisalhamento.

A Fig. 8.1 ilustra o comportamento da viscosidade de materiais tixotrópicos. Quando a taxa de cisalhamento é mantida constante, a viscosidade cai com o tempo até atingir um regime permanente. O tempo necessário para chegar ao regime permanente aumenta à medida que se reduz a taxa de cisalhamento. Na Fig. 8.1, t_n está associado a $\dot{\gamma}_n$. Note que $\dot{\gamma}_1 > \dot{\gamma}_2 > \dot{\gamma}_3$ e $t_1 < t_2 < t_3$. Vamos discutir com mais detalhes a estrutura dos materiais tixotrópicos, em geral viscoplásticos, mais adiante, mas já podemos adiantar que o tempo necessário para o regime permanente ser atingido está relacionado à acomodação estrutural do material que, como veremos, normalmente é modelada como uma função forte da taxa de deformação.

Rigorosamente, alguns autores defendem que a estrutura é função na verdade da tensão (MENDES; THOMPSON, 2012), apesar de a maioria dos modelos a considerarem uma função da taxa de deformação. Esse é mais um tema interessante em constante discussão na literatura atual em reologia e será brevemente abordado na seção 8.3.

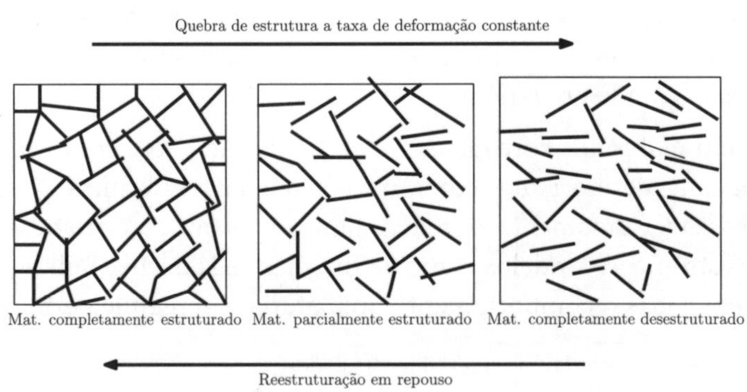

Figura 8.2 Quebra e reconstrução de estrutura.

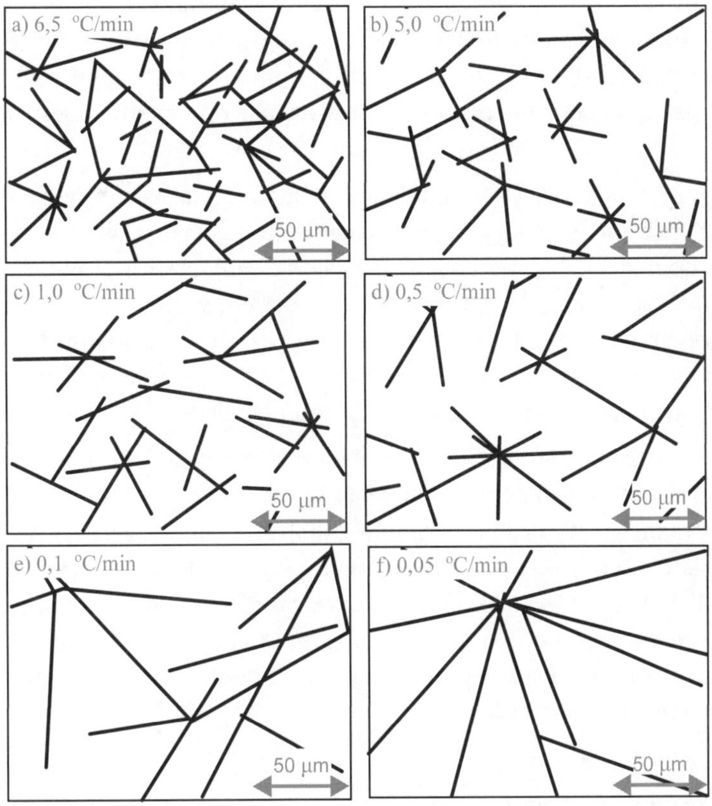

Figura 8.3 Cristais de parafina em óleo mineral (n-alcanos). Fonte: elaboração própria (esquema construído com base em resultados de Andrade (2016)).

Como já mencionado, o fenômeno de tixotropia é totalmente relacionado à mudança estrutural dos materiais. A Fig. 8.2 mostra de forma esquemática um material com estrutura formada por bastões que estão majoritariamente interconectados, formando uma estrutura percolada quando o material está em repouso. Esse tipo de representação é bem razoável para diversos materiais reais, como uma suspensão de Caulitita[19] ou óleo parafínico (Fig. 8.3, construída com base em imagens de Andrade (2016)). Quando submetida a uma tensão ou, de forma equivalente, a uma taxa de deformação constante, a estrutura do material começa a quebrar; no caso particular representado, os bastões começam a se desconectar, podendo chegar a uma condição em que a estrutura está completamente desfeita, como no último quadro à direita da figura em questão. Nesse caso, diz-se que o material está completamente desestruturado. Como consequência

[19] Um argilo-mineral de alumínio hidratado.

da quebra da estrutura, a viscosidade aparente do material cai até chegar a um novo equilíbrio entre as forças estruturais (vamos discutir melhor esse ponto mais tarde) e as forças derivadas do escoamento. Como veremos, a condição de equilíbrio não é necessariamente aquela em que o material encontra-se totalmente desestruturado. Uma vez em repouso, o material tende a se reestruturar novamente.

A tixotropia é caracterizada por mudanças reversíveis na estrutura do material e por uma queda da viscosidade (em regime permanente) com a taxa de cisalhamento. Quando a viscosidade do material aumenta com a taxa de cisalhamento, o material é dito anti-tixotrópico. A dependência estrutural é observada em vários materiais estruturados. Mudanças irreversíveis na microestrutura também são muito comuns, embora tais mudanças não sejam chamadas de tixotropia. A modelagem de mudanças estruturais irreversíveis é uma tarefa com elevado grau de complexidade e foge do escopo deste livro.

A Fig. 8.3, construída com base em resultados de Andrade (2016), mostra a estrutura de um óleo mineral (n-alcano) com parafina. O óleo foi aquecido a 80 ^oC e resfriado em diferentes taxas até 4 ^oC. O tamanho e a distribuição dos cristais na amostra são altamente dependentes dessa variável. No quadro (a), com taxa de 6,5 $^oC/min$, há vários cristais bem distribuídos. À medida que a taxa vai reduzindo, o tamanho dos cristais aumenta significativamente. No quadro (f), com taxa de 0,05 $^oC/min$, os cristais são bem maiores que em (a). Essa dependência com a taxa de resfriamento torna o óleo parafínico extremamente complexo.

8.2 PARÂMETRO ESTRUTURAL

A maioria dos modelos de materiais tixotrópicos são construídos a partir de modelos elasto-viscoplásticos, com a tixotropia sendo introduzida por meio de um parâmetro estrutural, que vamos aqui chamar de Λ. A introdução de Λ na equação de tensão será discutida mais tarde. Aqui, discorreremos como a estrutura do material se comporta quando ela é submetida às variações de tensão e de taxa de deformação e sobre a forma geral de uma equação de evolução de Λ.

Existem vários testes para inferir uma mudança estrutural, mas dois deles são extremamente simples e bem ilustrativos. Os testes estão esquematizados nas Fig. 8.4 e 8.5. No teste da Fig. 8.4, usando, por exemplo, um reômetro rotativo e uma geometria de placas paralelas (a reometria será discutida no Capítulo 9), impõe-se uma tensão (gráfico superior com linhas azuis) e observa-se a taxa de deformação (gráfico inferior com linhas vermelhas).

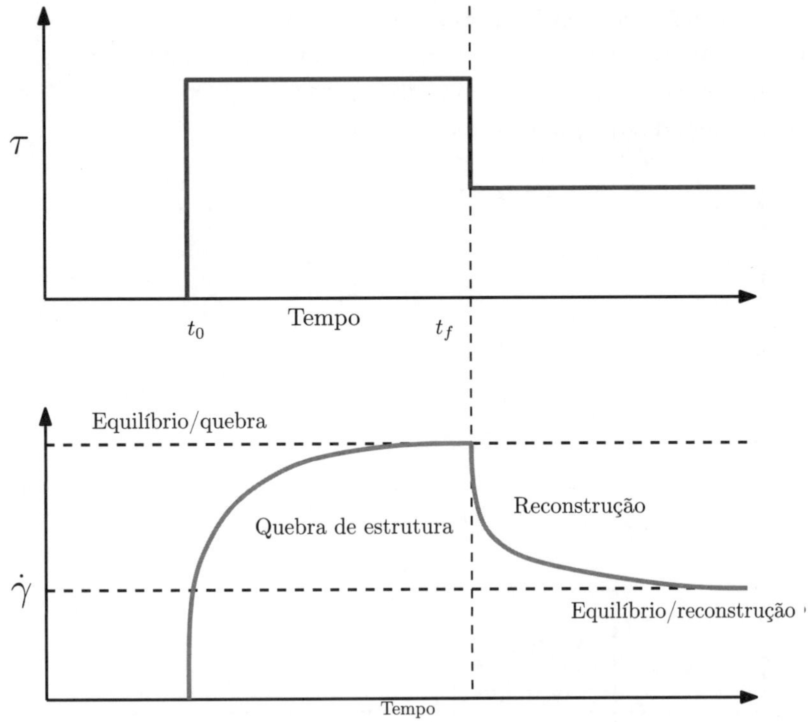

Figura 8.4 Quebra e reconstrução de estrutura com imposição de tensão.

No tempo igual a t_0, aplica-se uma tensão constante por um período $\Delta t = t_f - t_0$. O material começa a se deformar imediatamente e a quebrar sua estrutura até atingir um equilíbrio, um regime permanente. No ponto de equilíbrio, o material não está necessariamente desestruturado por completo. O que pode-se dizer é que há um balaço entre as forças hidrodinâmicas, que contribuem com a quebra do material, e as forças de reconstrução associadas às colisões entre as partículas, por movimento devido ao próprio escoamento e movimentos Brownianos.[20] Com a redução abrupta da tensão em t_f para um valor constante não nulo, o material sai do equilíbrio e começa a se reconstruir. A resistência à deformação aumenta e, consequentemente, a taxa de cisalhamento cai até que um novo equilíbrio se reestabeleça.

Analogamente, o teste pode ser feito com imposição de taxa de cisalhamento (Fig. 8.5). Em t_0, impõe-se $\dot{\gamma}_0$ constante por período $\Delta t = t_f - t_0$. A tensão atinge um pico instantaneamente e começa a cair, por conta da quebra da estrutura do material, até que o equilíbrio entre as forças de destruição e reconstrução se estabeleça. É notório

[20] Movimento aleatório de partículas em um fluido ou gás como consequência de choques entre moléculas ou átomos presentes no fluido.

concluir que se o material quebra, a tensão necessária para manter a taxa de cisalhamento constante cai proporcionalmente. Quando em t_f a taxa de cisalhamento é reduzida, a tensão cai por consequência e começa imediatamente a subir, por conta da reconstrução do material, até um novo regime permanente.

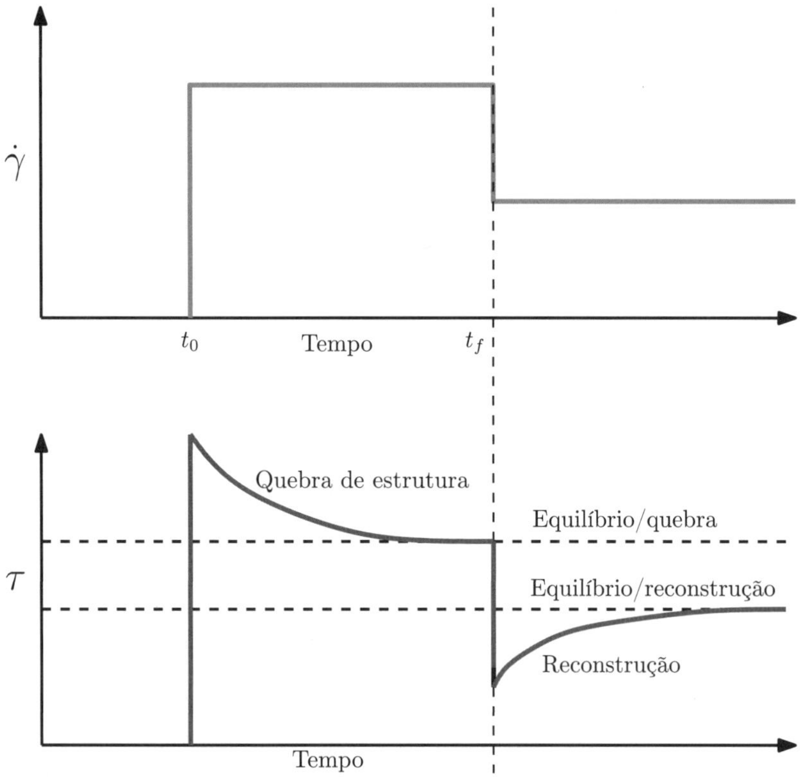

Figura 8.5 Quebra e reconstrução de estrutura com imposição de taxa de deformação.

Portanto, com base nos testes descritos, é razoável imaginar uma equação que descreve uma variação estrutural com, pelo menos, dois termos: um de construção e outro de destruição. Na verdade, como já mencionado, a maioria dos modelos matemáticos de tixotropia se baseia nessa idéia simples, como a Eq. (8.1) de evolução de Λ:

$$\frac{d\Lambda}{dt} = a(1 - \Lambda)^b - c\Lambda\dot{\gamma}^d \tag{8.1}$$

Em que *a*, *b*, *c* e *d* são constantes não negativas que devem ser ajustadas. Na Eq. (8.1), Λ é um parâmetro de estrutura que assume o valor unitário ($\Lambda = 1$) quando o material está totalmente estruturado e é nulo ($\Lambda = 0$) quando o caso é o oposto, com o material totalmente desestruturado. As parcelas $a(1-\Lambda)^b$ e $c\Lambda\dot{\gamma}^d$ são, respectivamente, termos de reconstrução e destruição. Quando o material está totalmente estruturado, Λ é igual a 1 e o termo de construção é zero. No caso oposto, com o material totalmente desestruturado, Λ é zero e o termo de destruição é nulo. Portanto, o que a Eq. (8.1) descreve, o que já foi dito neste texto, é uma competição entre a destruição da estrutura do material, causadas pelas forças hidrodinâmicas, e sua reconstrução, associada às forças de colisão entre as partículas. No equilíbrio, as duas parcelas são iguais e $d\Lambda/dt$ é zero. Nos testes das Figs 8.4 e 8.5, o equilíbrio ocorre quando não mais se observa mudanças da tensão ou da taxa de cisalhamento.

8.3 MODELOS ELASTO-VISCOPLÁSTICOS TIXOTRÓPICOS

Os modelos elasto-viscoplásticos tixotrópicos (EVPT) são construídos a partir de modelos elasto-viscoplásticos, introduzidos no Cap. 7. Nos modelos do Tipo I, a elasticidade e a tixotropia são introduzidas em uma equação de material viscoplástico, como os modelos de Bingham e Herschel-Bulkley. Já nos modelos do Tipo II, a plasticidade e a tixotropia são introduzidas em um modelo viscoelástico, como os modelos de Maxwell e Jeffreys.

Para os modelos do Tipo I, cuja equação normalmente tem a forma da Eq. (7.2), a tixotropia pode ser incluída fazendo o módulo de elasticidade e a viscosidade função do parâmetro estrutural Λ. Dessa forma:

$$\tau = G_{es}(\Lambda)\gamma_e + \eta_{es}(\Lambda)\dot{\gamma} \tag{8.2}$$

Onde G_{es} é um módulo elástico estrutural, γ_e é a deformação elástica e η_{es} é a viscosidade estrutural. A Eq. (8.2), combinada com uma equação para a evolução de Λ (ex.: Eq. (8.1)) e de γ_e (ex.:Eq. (7.3)), modela um material elasto-viscoplástico tixotrópico.

Um dos modelos do Tipo I que tem sido bastante utilizado para descrever comportamentos tixotrópicos e que usa o conceito estrutural descrito pela Eq. (8.1) foi proposto por Houska (1981). Para o caso de um escoamento simples de cisalhamento, a tensão é escrita como:

$$\tau = (\tau_0 + \tau_t) + (K_0 + \Lambda K_t)\dot{\gamma}^n \tag{8.3}$$

A Eq. (8.3) é uma forma de se incluir a tixotropia no modelo Herschel-Bulkley. Os parâmetros τ_0 e K_0 são, respectivamente, a tensão limite de escoamento e o índice de consistência, medida em regime permanente, portanto, propriedades que se extraem diretamente da curva de escoamento do material. Agora, os termos τ_t e K_t dependem do parâmetro estrutural Λ. Existem vários outros modelos do Tipo I, alguns propostos por Munjumdar, Beris e Metzner (2002) e Dullaert e Mewis (2006).

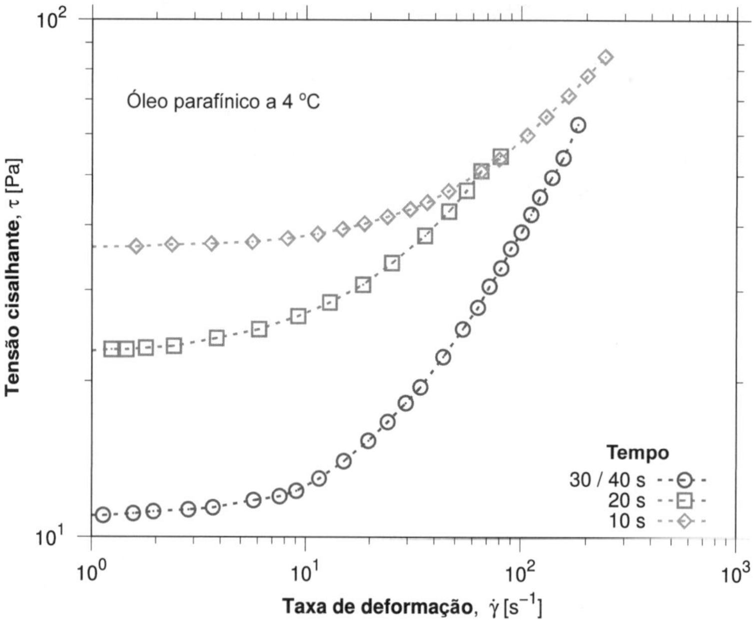

Figura 8.6 Tensão cisalhante em função da taxa de cisalhamento. Fonte: elaboração própria (baseada em dados de Soares, Thompson e Machado (2013)).

A Fig. 8.6 mostra um teste de tensão cisalhante em função da taxa de deformação para um óleo parafínico da bacia do pré-sal brasileiro a 4°C, analisado por Soares, Thompson e Machado (2013). Os autores investigaram a dependência com o tempo das propriedades reológicas do referido óleo. Precisamente, os autores estavam determinados a medir a tensão limite de escoamento do óleo parafínico. Em outras palavras, os autores cuidadosamente tentaram obter a curva de tensão em função da taxa de cisalhamento independentemente do tempo, ou seja, a curva de escoamento. Nos testes da Fig. 8.6, cada ponto, ou seja, cada medida foi tomada em um tempo fixo, pré-determinado. Nos losangos azuis, a tensão foi medida em 10 s para cada taxa fixa. Já para os quadrados verdes, cada ponto foi medido em 20 s e, finalmente, para os círculos roxos, a tensão foi medida a cada 30 s. Uma nova curva fazendo as tomadas de tensão a cada 40 s mostrou os mesmos resultados, sugerindo um regime permanente. Portanto, a curva de círculos roxos seria a *curva de escoamento* desejada, da qual deve-se extrair a tensão limite de escoamento, igual a 11 Pa. Precisamente, um ajuste do modelo de Herschel-Bulkley na curva de círculos roxos nos fornece os valores de τ_0 e K_0 que aparecem na Eq. (8.3). De acordo com essa equação, as propriedades características que podem ser extraídas das curvas dos losangos azuis e quadrados verdes seriam τ_t e k_t em determinado tempo antes do regime permanente, funções do parâmetro estrutural. O modelo proposto por (HOUSKA, 1981) inclui a tixotropia em um modelo inelástico viscoplástico, o que é um avanço, mas ainda muito longe de representar bem materiais tixotrópicos mais complexos que também apresentam elasticidade.

Como discutido no Capítulo 7, os modelos do Tipo II seguem outra lógica. A base é um modelo de material viscoelástico, em que a tixotropia é introduzida. Se os parâmetros do modelo de Maxwell dependerem da estrutura Λ, então ele toma a seguinte forma:

$$\tau\left[1-\frac{\eta_{es}(\Lambda)}{G_{es}(\Lambda)^2}\frac{dG_{es}}{d\Lambda}\frac{d\Lambda}{dt}\right]+\frac{\eta_{es}(\Lambda)}{G_{es}(\Lambda)}\frac{\partial\tau}{\partial t}=\eta_{es}(\Lambda)\dot{\gamma} \tag{8.4}$$

Se o módulo elástico estrutural $G_{es}(\Lambda)$ não depender de Λ, a Eq. (8.4) volta à forma da Eq. (6.6). Em cada modelo específico $G_{es}(\Lambda)$, $\eta_{es}(\Lambda)$ e a equação de evolução de Λ têm uma forma distinta. A equação para a tensão adquire a forma da Eq. (8.4), pois, quando $d\gamma_e/dt = d(\tau_e/G_{es})dt$ é substituída na equação da taxa de deformação do modelo de Maxwell, na Eq. (6.5), G_{es} não é mais uma constante, mas uma função de Λ, de modo que um novo termo surge na equação.

Alguns modelos consideram G_{es} independente de Λ, e a tixotropia, portanto, é inserida simplesmente na viscosidade estrutural $\eta_{es}(\Lambda)$ (COUSSOT et al., 1999; QUEMADA, 1999; BAUTISTA et al., 1999). A seguir, discutiremos o modelo do Tipo II proposto por Mendes (2009). O modelo considera todos os parâmetros da Eq. (8.4) dependentes de Λ, além de outros conceitos interessantes, como a configuração neutra. Na verdade, o autor tem contribuído muito com o tema tixotropia com diversos trabalhos interessantes na última década (MENDES, 2011; MENDES; THOMPSON, 2013; MENDES; ABEDI; THOMPSON, 2018; MENDES; THOMPSON, 2019).

8.3.1 Modelo elasto-viscoplástico tixotrópico Mendes

Vamos discutir nesta seção o modelo EVPT proposto por Mendes (2011). Esse modelo tem como base o modelo viscoelástico de Jeffreys (ou de Oldroyd-B na forma tridimensional), mas com módulo de elasticidade e a viscosidade polimérica dependentes do parâmetro estrutural. Assim, G e η_p se tornam G_{es} e η_{es}, respectivamente, como na Eq. (8.4). A viscosidade do solvente η_s continua sendo uma contribuição newtoniana (na prática, pode-se considerar uma alteração na viscosidade do solvente para levar em conta a presença de uma suspensão em um material real), mas agora representa a viscosidade do material no seu estado totalmente desestruturado ($\Lambda = 0$), a uma taxa de deformação "infinita". Dessa forma, aqui η_s se torna η_∞. A equação para a tensão é, então, escrita como:

$$\tau = \tau_{es} + \tau_\infty \tag{8.5}$$

onde

$$\tau_{es} + \lambda(\Lambda)\dot{\tau}_p = \eta_{es}(\Lambda)\dot{\gamma}, \tag{8.6}$$

$$\tau_\infty = \eta_\infty \gamma. \tag{8.7}$$

Aqui, $\lambda(\Lambda) = \eta_{es}(\Lambda)/G_{es}(\Lambda)$ é o tempo de relaxação estrutural. O analógico mecânico do modelo é mostrado na Fig. 8.7.

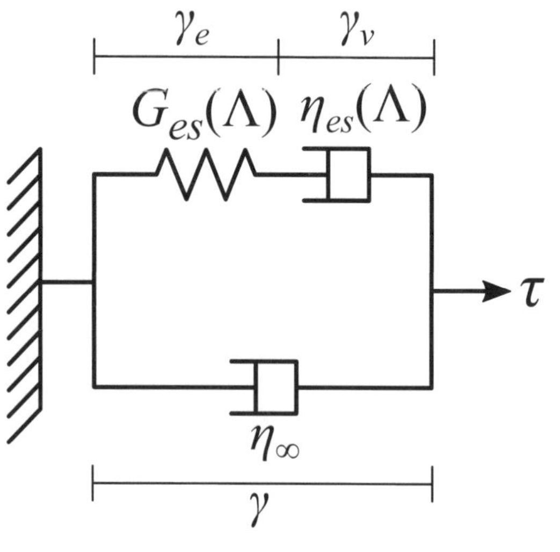

Figura 8.7 Analógico mecânico do modelo elasto-viscoplástico tixotrópico de Mendes (2011).

É importante observar que a Eq. (8.8) tem uma forma semelhantes a da Eq. (6.6), do modelo de Maxwell, e não a forma da equação da Eq. (8.4). Isso ocorre porque o modelo utiliza a ideia de configuração neutra, representada pela deformação elástica neutra γ_{en}. Essa configuração corresponde ao estado de zero tensão elástica. A configuração neutra é a configuração para a qual o material "quer ir"se a tensão for retirada, sendo função do nível de estruturação do material. Assim, a tensão elástica é dada por $\tau_e = G_{es}(\Lambda)(\gamma_e - \gamma_{en}(\Lambda))$. Quando essa forma de τ_e é substituída na Eq. (6.5) da taxa de deformação do modelo de Maxwell (Capítulo 6), o termo $\dot{\gamma}_{en}$ se anula com o termo que surge da derivada temporal de τ_e/G_{es}, e a forma da equação da tensão fica semelhante à equação original de Maxwell.

Na forma tridimensional, o modelo de Oldroyd-B é empregado como base e o tensor extra-tensão $\boldsymbol{\tau}$ é dado, de forma semelhante a Eq. (6.51), pela soma de uma contribuição viscoelástica, $\boldsymbol{\tau}_{es}$, dependente da estrutura, e uma contribuição viscosa, $\boldsymbol{\tau}_{\infty}$, independente da estrutura:

$$\begin{gathered} \boldsymbol{\tau} = \boldsymbol{\tau}_{es} + \boldsymbol{\tau}_{\infty}, \\ \boldsymbol{\tau}_{es} + \lambda(\Lambda)\overset{\nabla}{\boldsymbol{\tau}}_{es} = \eta_{es}(\Lambda)\dot{\boldsymbol{\gamma}}, \\ \boldsymbol{\tau}_{\infty} = \eta_{\infty}\dot{\boldsymbol{\gamma}}. \end{gathered} \tag{8.8}$$

Há diversas possibilidades para escolher as formas da viscosidade $\eta_v(\Lambda)$ do material na ausência de efeitos elásticos ($\dot{\gamma}_e = 0$) e do módulo de elasticidade estrutural $G_{es}(\Lambda)$, como as duas equações seguintes:

$$\eta_v(\Lambda) = \eta_e(\Lambda) + \eta_\infty = \eta_\infty \left(\frac{\eta_o}{\eta_\infty}\right)^{\Lambda} \tag{8.9}$$

$$G_{es}(\Lambda) = G_o \exp\left[m_G\left(\frac{1}{\Lambda} - 1\right)\right] \tag{8.10}$$

Observe que, quando o material está totalmente estruturado, $\Lambda = 1$ e $\eta_v = \eta_o$. Quando o material está totalmente desestruturado, $\Lambda = 0$ e $\eta_v = \eta_\infty$. Onde η_o é a viscosidade do material no seu estado totalmente estruturado, de forma semelhante ao modelo viscoplástico SMD, na Eq. (5.28), discutido no Capítulo 5. Assim, a Eq. (8.9) mapeia a mudança de valor de Λ no intervalo [0,1] em mudanças no valor de η_v no intervalo $[\eta_o, \eta_\infty]$.

G_o é o módulo de elasticidade do material no seu estado totalmente estruturado, e m_G é uma constante positiva. Como m_G é positivo, $G_{es}(\Lambda)$ aumenta com uma redução de Λ. Quando $\Lambda \to 0$, $G_{es} \to \infty$, e o material se comporta como um material puramente viscoso, com $\eta_v = \eta_\infty$. Por outro lado, quando $\Lambda \to 1$, $G_{es} \to G_o$ e $\eta_v \to \eta_o$, e o material se aproxima de um sólido viscoelástico. Assim, um aumento de Λ o tempo de relaxação aumenta e amplifica os efeitos elásticos.

As expressões para η_v e G_{es} tentam reproduzir o comportamento de materiais elasto-viscoplásticos tixotrópicos. No entanto, a forma da transição de $\eta_v(\Lambda)$ e $G_{es}(\Lambda)$ com Λ, variando de 1 a 0, ainda não é estabelecida e carece de uma maior discussão na literatura. As expressões propostas por Mendes (2011) contêm um grau arbitrariedade, mas as propensões de η_v de tender de η_o a η_∞ e $\lambda(\Lambda)$ diminuir quando Λ varia de 1 a 0 são fisicamente consistentes com o comportamento de um material real.

O arcabouço para a formulação da equação da evolução do parâmetro estrutural é semelhante ao da Eq (8.1), isto é, contém um termo de quebra e um termo de estruturação. Ademais, a taxa de deformação no termo de quebra é substituída por uma função da tensão. Seguindo os trabalhos de Mendes (2011) e Frey et al. (2015), a equação da evolução do parâmetro estrutural pode ser escrita como

$$\frac{d\Lambda}{dt} = \frac{1}{t_{eq}}\left[(1 - \Lambda) - f(\tau)\Lambda\right]. \tag{8.11}$$

Onde o primeiro termo entre chaves é o termo de reconstrução e o segundo termo é o termo de quebra, aqui dependente da tensão e não da taxa de deformação. No estudo numérico conduzido por Frey et al. (2015), os autores empregaram o modelo de Mendes (2011) em diferentes ecoamentos e as constantes não negativas do arcabouço da Eq (8.1) são escolhidas pelos autores como $a = c = 1/t_{eq}$ e $b = d = 1$. O parâmetro t_{eq} é o tempo de equilíbrio tixotrópico, uma escala de tempo que indica a taxa de construção da estrutura. Se $t_{eq} = 0$, a microestrutura responde instantaneamente às mudanças de tensão e os efeitos tixotrópicos são inexistentes. Nesse caso, o modelo se reduz a sua forma elasto-viscoplástica. Em regime permanente, $d\Lambda/dt = 0$ e $f(\tau) = (1 - \Lambda_{eq})/\Lambda_{eq}$, onde Λ_{eq} é o parâmetro estrutural em equilíbrio, que é função da tensão. Para $t_{eq} = 0$, $\Lambda_{eq} = \Lambda$ em todos os instantes. Como a parte deviatórica de $\mathbf{T}$ é a responsável pela quebra da microestrutura, a Eq. (8.11) para o caso tridimensional pode ser escrita da seguinte forma

$$\frac{d\Lambda}{dt} = \frac{1}{t_{eq}}\left[(1 - \Lambda) - \frac{\left(1 - \Lambda_{eq}(|\mathbf{T}_d|)\right)}{\Lambda_{eq}(|\mathbf{T}_d|)}\Lambda\right], \tag{8.12}$$

como proposto por Frey et al. (2015). Rearranjando, podemos escrever

$$\frac{d\Lambda}{dt} = \frac{1}{t_{eq}}\left[\frac{\left(\Lambda_{eq}(|\mathbf{T}_d| - \Lambda)\right)}{\Lambda_{eq}(|\mathbf{T}_d|)}\right]. \tag{8.13}$$

Onde $\mathbf{T}_d$ é a parte deviatórica do tensor das tensões, dado por $\mathbf{T}_d = \mathbf{T} - \mathrm{tr}(\mathbf{T})\mathbf{I}/3$. Assim, $\Lambda_{eq}(|\mathbf{T}_d|)$ é o valor que o parâmetro estrutural atinge assintoticamente quando o material é submetido a uma tensão fixa $|\mathbf{T}_d|$, ou seja, quando os termos de reconstrução e de quebra estão em equilíbrio. A diferença $|\Lambda(t) - \Lambda_{eq}(|\mathbf{T}_d(t)|)|$ é a força motriz local e instantânea para as mudanças microestruturais.

A maioria dos modelos tixotrópicos assumem o termo de quebra dependente da taxa de deformação, como na Eq. 8.1. Contudo, Mendes (2011) argumenta que é mais razoável o termo de quebra ser função da tensão. A microestrutura do material envolve ligações entre as unidades estruturais, que são forças intermoleculares. Portanto, a quebra ocorre quando essas forças são superadas pelas forças hidrodinâmicas. Assim, faz todo sentido considerar a quebra como função da tensão, e não da taxa de deformação. Imagine um material inicialmente livre de tensões e em repouso, que é submetido a uma taxa de deformação $\dot{\gamma}$ constante em $t = 0$. A tensão é inicialmente nula, mas cresce linearmente com o tempo no regime elástico, até que a tensão limite de escoamento seja atingida, como exemplificado na Fig. 7.6. Até aqui, nenhuma quebra do material é esperada (pela definição do regime elástico e da tensão limite de escoamento). Se o termo de quebra for função de $\dot{\gamma}$, o modelo prevê a maior taxa de quebra justamente quando $t = 0$, quando a tensão é nula e nenhuma quebra deveria ocorrer. Se o termo de quebra é função da tensão, o comportamento do material é como o esperado.

O parâmetro estrutural de equilíbrio Λ_{es} e a viscosidade de equilíbrio η_{eq} são obtidos da curva de escoamento experimental do material em regime permanente. Nesse caso, a viscosidade é função da taxa de deformação (Fig. 8.8). A viscosidade $\eta_v(\Lambda_{eq})$ pode ser substituída por η_{eq} na Eq. (8.9), que é resolvida para Λ_{eq}:

$$\Lambda_{eq}(|\mathbf{T}_d|) = \frac{\ln(\eta_{eq}(|\mathbf{T}_d|)/\eta_\infty)}{\ln(\eta_o/\eta_\infty)} \tag{8.14}$$

η_{eq} pode ser modelado segundo o modelo SMD, na Eq. (5.28), mas adicionando a viscosidade do material no seu estado totalmente desestruturado:

$$\eta_{eq} = \left(1 - exp\left(-\frac{\eta_0}{\tau_0}\dot{\gamma}\right)\right)\left(\frac{\tau_0}{\dot{\gamma}} + K\dot{\gamma}^{n-1}\right) + \eta_\infty \tag{8.15}$$

Os parâmetros da Eq. (8.15) são ajustados da curva de escoamento do material.

Como apontado por Mendes e Thompson (2012), a curva de escoamento é, em princípio, uma propriedade do material e contém informações importantes do seu comportamento. Segundo os autores, para materiais tixotrópicos, a curva de escoamento pode ser vista como o conjunto de pontos atratores de estados de não equilíbrio em um plano cartesiano $\dot{\gamma} \times \tau$, como mostrado na Fig. 8.8. Se em um instante de tempo t_0 um ponto está fora da curva de escoamento, o estado da microestrutura do material nesse ponto não está em equilíbrio. Existe um potencial que move esse ponto em direção a um ponto na curva de escoamento, na qual o estado da microestrutura está em equilíbrio. Obviamente, η_{eq} e, por consequência, Λ_{eq} correspondem a pontos pertencentes a curva de escoamento. Surge então o questionamento: qual caminho é percorrido no plano $\dot{\gamma} \times \tau$ entre o ponto no instante de tempo t_0 e o ponto de equilíbrio correspondente? Ou qual ponto sobre a curva de escoamento é o ponto de equilíbrio correspondente ao ponto inicial?

Considere o ponto $(\dot{\gamma}_0, \tau_0)$ no plano $\dot{\gamma} \times \tau$ em t_0 em um estado de não equilíbrio na Fig. 8.8. Como a quebra da microestrutura, segundo o modelo de Mendes (2011), é causada pela tensão, o ponto na curva de escoamento que atrai ou que corresponde ao estado de equilíbrio do ponto $(\dot{\gamma}_0, \tau_0)$ é o ponto na curva de escoamento com a mesma tensão. Ou seja, o caminho percorrido é uma reta horizontal (tensão constante, $\tau_0 = \tau_1$), representada pela linha pontilhada azul com três setas. Se o material inicialmente em $(\dot{\gamma}_0, \tau_0)$ é submetido a uma tensão constante, a taxa de deformação $\dot{\gamma}_1$ é utilizada na Eq. (8.15) para determinar η_{eq}, que, por sua vez, é utilizado para determinar Λ_{eq} na Eq. (8.14). Então, Λ pode ser calculado na Eq. (8.12), bem como G_{es} na Eq. (8.10) e η_v na Eq. (8.9).

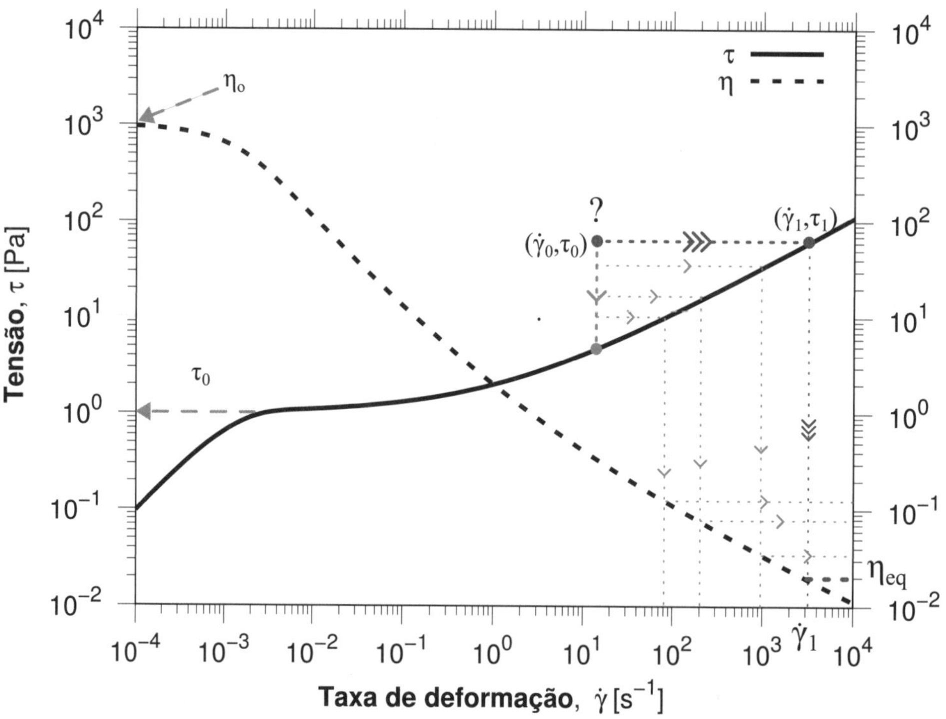

Figura 8.8 Curva de escoamento de tensão e viscosidade em função da taxa de deformação para um material modelado pelo modelo SMD de Mendes (2011).

No caso da imposição de uma taxa de deformação constante, em vez de uma tensão constante, o ponto $(\dot{\gamma}_0, \tau_0)$ se moveria em uma linha vertical (linha pontilha vertical vermelha com uma seta) até atingir a curva de escoamento. Como o ponto de equilíbrio é aquele com a mesma tensão (linhas horizontais), cada novo ponto percorrido na linha vertical pelo ponto $(\dot{\gamma}_0, \tau_0)$ teria um ponto $(\dot{\gamma}_1, \tau_1)$ diferente na curva de escoamento. Desse modo, para uma imposição de taxa de deformação constante, Λ_{eq} é variável, enquanto para uma imposição de tensão constante, Λ_{eq} é uma constante.

O modelo EVPT discutido acima tem sido implementado por alguns pesquisadores. Um interessante estudo foi conduzido por Frey et al. (2015), que analisou numericamente o modelo Souza-Mendes em problemas *benchmark*, como contração e expansão abruptas, mas o modelo ainda precisa ser testado em outros problemas complexos. Na verdade, até a dada da publicação deste livro, não havia muitos estudos com modelos de fluidos EVPT complexos. Apesar do esforço de muitos pesquisadores, os estudos numéricos e experimentais com fluidos EVPT são escassos e, portanto, um campo aberto para novos pesquisadores.

EXERCÍCIOS PROPOSTOS

8.1 A partir da taxa de deformação do modelos de Maxwell, na Eq. (6.5), mas com o módulo de elasticidade G e viscosidade η estruturais (variáveis), desenvolva a Eq. (8.4) da tensão para uma material tixotrópico do Tipo II, com o modelo de Maxwell como base.

8.2 Derive a equação da tensão elástica empregando o conceito de configuração neutra, $\tau_e = G_{es}(\gamma_e - \gamma_{en})$ em função do tempo e obtenha uma expressão para $\dot{\gamma}_{en}$. Assuma a hipótese de que mudanças em $\dot{\gamma}_{en}$ são causadas apenas por mudanças na microestrutura e que mudanças em $\dot{\gamma}_e$ são causadas apenas por mudanças em $\dot{\tau}_e$.

8.3 Mostre que, quando a tensão elástica é dada por $\tau_e = G_{es}(\gamma_e - \gamma_{en})$, a Eq. (8.4) toma a forma da Eq. (6.6) ou, equivalentemente, da equação da tensão estrutural da Eq. (8.8).

CAPÍTULO 9

Reometria

A caracterização minimamente rigorosa dos materiais não newtonianos não é, na maioria das vezes, uma tarefa trivial, mesmo com equipamento em boas condições de trabalho — diga-se devidamente calibrado. O reólogo deve estar atento aos diversos aspectos importantes, como dependência das propriedades do material com o tempo e deslizamento da amostra, só para citar dois pontos fundamentais. Veremos neste capítulo, de forma breve mas cuidadosa, alguns detalhes fundamentais para caracterização reológica de materiais complexos. Discutiremos sobre os diferentes tipos de reômetros e geometrias, bem como alguns detalhes de controle de teste e cuidados com a preparação das amostras.

9.1 REOMETRIA ROTATIVA

Sem dúvida o principal equipamento de um laboratório de reologia é o reômetro rotativo, do qual se extraem as diversas propriedades reológicas definidas em escoamento simples de cisalhamento (cisalhamento em apenas um plano e livre de extensão). Um esquema de reômetro rotativo típico está representadado na Fig. 9.1.

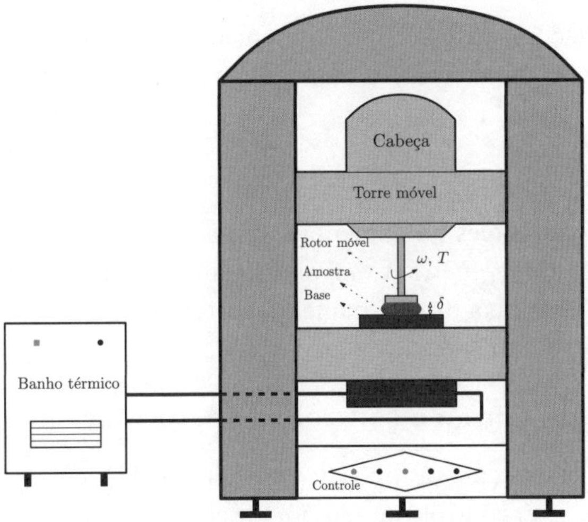

Figura 9.1 Esquema de um reômetro rotativo.

O principal elemento do equipamento é a cabeça com controle de velocidade angular, torque e forças normais. Diferentes rotores podem ser conectados à cabeça, que é móvel para o controle do espaçamento δ entre o rotor e base do reômetro, onde deposita-se a amostra. Os testes são em geral conduzidos com controle rigoroso de temperatura, com ajuda, por exemplo, de um banho térmico e, às vezes, de uma célula Peltier.

Como mencionado, com o reômetro rotativo, medem-se as propriedades reológicas, também chamadas de funções materiais, em cisalhamento simples. Vale a pena lembrar aqui que, em um escoamento cisalhante, os componentes[21] da diagonal do tensor taxa de deformação são nulos. No caso especial, de cisalhamento simples, no qual a maioria da reometria se enquadra, só há deformação em um único plano. Para o caso particular em coordenadas cilíndricas ($r\theta z$), esquematizadas na Fig. 9.1, o tensor taxa de deformação é como se segue:

$$\dot{\gamma} = \begin{bmatrix} 0 & 0 & 0 \\ 0 & 0 & \dot{\gamma}_{\theta z} \\ 0 & \dot{\gamma}_{z\theta} & 0 \end{bmatrix} \tag{9.1}$$

Onde $\dot{\gamma}_{\theta z} = \partial v_\theta / \partial v_z$, sendo $v_\theta = r\omega(z)$ o componente de velocidade na direção θ, perpendicular ao plano da figura. Usando apenas geometrias simples, que serão discutidas na seção 9.1.2, sabe-se *a priori* a relação entre a intensidade da taxa de deformação $\dot{\gamma}$ com a velocidade angular ω e, ainda, a tensão τ na amostra com o torque cisalhante, T, aplicado no rotor. Em resumo, tem-se:

$$\dot{\gamma} = f(\omega, geometria) \quad ; \quad \tau = g(T, \omega, geometria) \tag{9.2}$$

Conhecendo a tensão sobre a amostra e intensidade da taxa de deformação, pode-se medir a principal função material em cisalhamento, ou seja, a viscosidade cisalhante, η, definida como:

$$\eta \equiv \frac{\tau}{\dot{\gamma}} \tag{9.3}$$

Medindo essas duas entidades fundamentais, tensão e taxa de deformação, pode-se conduzir diversos testes em reometria rotativa. Os mais comuns são curvas de viscosidade ou tensão em função da taxa de cisalhamento ou tempo.

9.1.1 Controle de tensão e controle de deformação

É interessante destacar que os tipos de controle dividem os reômetros em duas categorias: a) reômetros com controle de tensão; b) reômetros com controle de deformação.

[21] No sistema de coordenadas típico, o qual está alinhado com a direção da velocidade, direção variação da velocidade e direção neutra.

Pode parecer irrelevante à primeira vista, mas a escolha do tipo de controle é fundamental para inúmeros testes em reologia. Para exemplificar a importância do controle, vamos considerar um material elasto-viscoplástico. Diversos materiais de interesse da engenharia são considerados elasto-viscoplásticos, como pasta de cimentos, lamas argilosas e óleos parafínicos. Esses materiais são extremamente complexos e, portanto, exigem bastante cuidado do engenheiro para sua boa e devida caracterização.

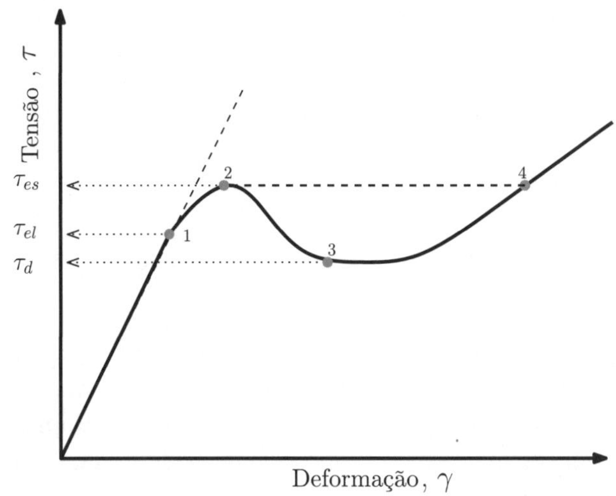

Figura 9.2 Curva típica de tensão *versus* deformação para um material elasto-viscoplástico.

A Fig. 9.2 descreve um comportamento tipicamente elasto-viscoplástico da tensão *versus* deformação em regime permanente. No caso descrito, o material se comporta como um sólido elástico linear quando a tensão aplicada é bem pequena, menor que τ_{el}, no limite elástico linear (ponto 1 da curva). Entre os pontos 1 e 2, o material se deforma não-linearmente. O ponto 2 é fundamental para o teste em questão, pois caracteriza a tensão de ruptura ou quebra do material, a tensão limite de cisalhamento estático τ_{es}. Agora é importante ressaltar que, dependendo do tipo de controle escolhido (tensão ou deformação), a curva pode seguir direto para o ponto 4 ou em direção ao ponto 3, que marca a tensão limite de cisalhamento dinâmica τ_d. Depois de quebrada parcialmente a estrutura do material e aplicando-se uma tensão acima de τ_{es}, a deformação salta abruptamente de 2 para 4 para qualquer incremento mínimo de tensão. Deformações intermediárias só podem ser alcançadas com redução de tensão. Portanto, se forem feitos testes controlando a tensão, ou seja, impondo a tensão e inferindo a deformação, a curva, que contém o ponto 3, abaixo da linha reta entre os pontos 2 e 4 não é observada, e, consequentemente, a tensão dinâmica não é medida. Logo, a curva completa com todos os pontos críticos (1, 2, 3 e 4) só pode ser obtida com controle de deformação, ou seja, impondo a deformação e inferindo a tensão.

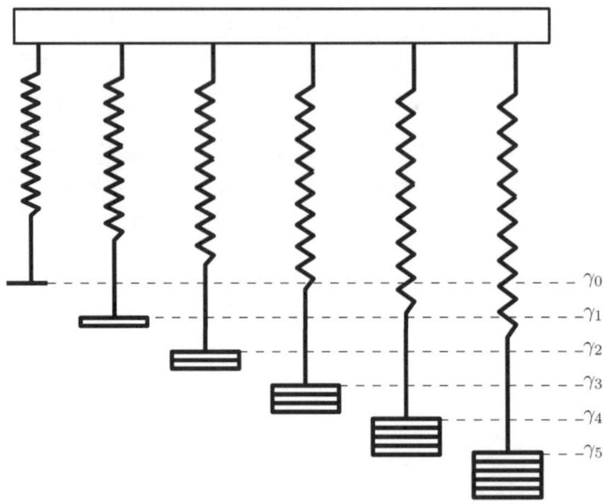

Figura 9.3 Exemplo de controle simples de tensão.

A maioria dos reômetros são genuinamente controladores de tensão, por um motivo muito simples, é muito fácil, do ponto de vista físico, impor uma tensão e medir, por consequência, a deformação. A Fig. 9.4 ilustra um experimento simples em que se impõe tensão na extremidade de uma mola por meio de pesos calibrados. Ou seja, conhece-se *a priori* a tensão que se deseja aplicar e, portanto, pode-se dizer que o controle é perfeito. A deformação é a resposta do material dependente de seu módulo de elasticidade E. Agora, o que não é óbvio, pelo menos à primeira vista, é fazer o contrário, isto é, impor com precisão determinada deformação e ter como resposta a tensão. Não é demais lembrar que estamos interessados em reometria, ou seja, não conhecemos o material *a priori*. No caso simples e particular de uma mola em análise, não conhecemos de antemão o seu módulo de elasticidade.

Uma maneira simples de medir E de uma mola desconhecida com controle de deformação está esquematizado na Fig. 9.4. Pode-se usar outra mola com módulo de elasticidade conhecido em paralelo com a que se deseja medir. Se a mola conhecida tiver um módulo muito maior que a da desconhecida, $E_c >> E_d$, então qualquer deformação pode ser calculada *a priori* como $\gamma_c = \tau_c/E_c$. Em outras palavras, a tensão necessária para a deformação desejada não depende da mola desconhecida. Assim, pode-se medir a tensão na mola desconhecida com um transdutor de força qualquer conectado a ela e inferir o módulo de elasticidade E_d como $E_d = \tau_d/\gamma_c$.

Um reômetro genuinamente controlador de deformação possui um sistema semelhante, ou seja, ele possui um acessório acoplado com alta resistência em relação ao material de teste, tornando a deformação unicamente dependente de tal sistema e, portanto, conhecida de antemão.

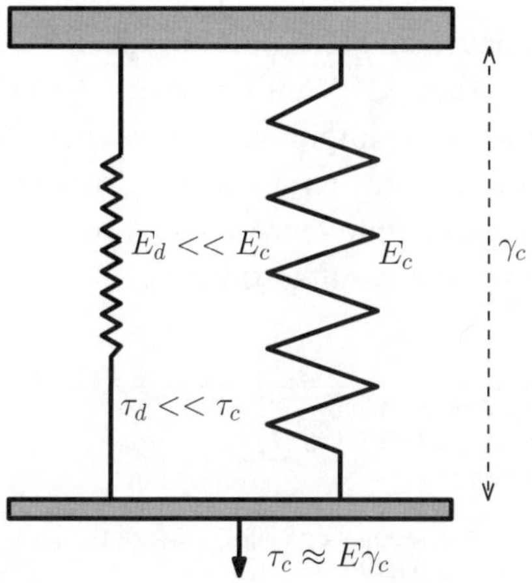

Figura 9.4 Exemplo de controle simples de deformação.

Como mencionado, a maioria dos reômetros não controlam genuinamente a deformação. Eles são, de fato, controladores de tensão, apesar de ser possível fazer rampas de deformação durante os testes, ou seja, imputar a deformação ou taxa de deformação e ter a tensão com resposta. Entretanto, a resposta de tensão nesses equipamentos é por *feedback*, tentativa e erros.

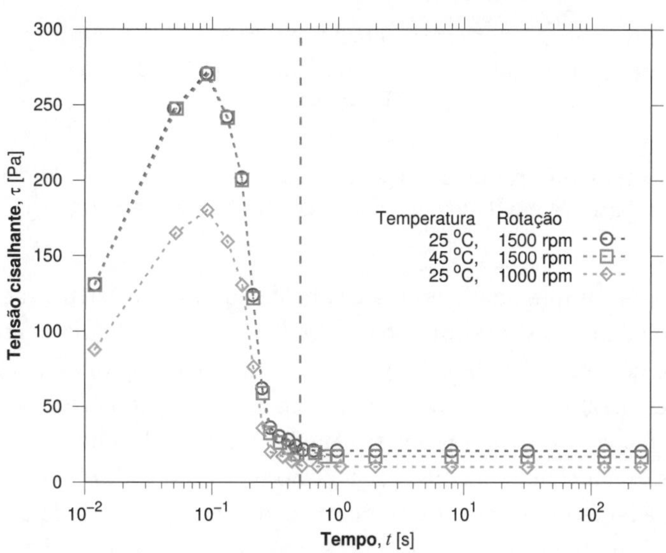

Figura 9.5 Resposta de tensão com o tempo. Fonte: elaboração própria (baseada em dados de Andrade, Pereira e Soares (2014)).

A Fig. 9.5 (baseada em dados da Fig. 2 de Andrade, Pereira e Soares (2014)) ilustra bem o caso de controle por *feedback*. Os autores queriam saber o tempo de resposta do reômetro Haake Mars II quando se impunha determinada rotação. Usando um fluido simples, no caso água em diferentes temperaturas, o reômetro levava em torno de 0,5 s para encontrar a correspondente tensão para a rotação desejada. Portanto, esse transiente deve ser descartado dos resultados finais.

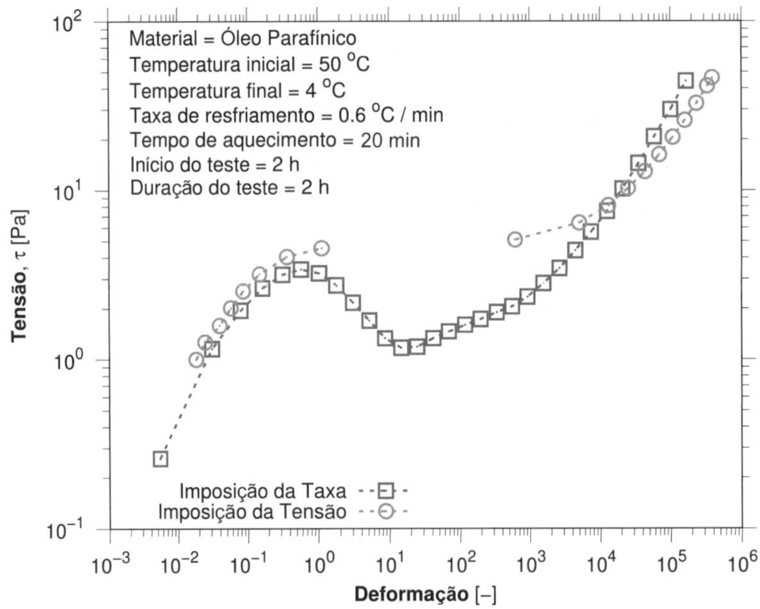

Figura 9.6 Teste de tensão *versus* deformação com controle de tensão e de deformação. Fonte: elaboração própria (baseada em dados de Vargas (2017) e Vargas et al. (2018)).

Dependendo da complexidade do material, do seu grau de estruturação e do nível de deformação, o controle de deformação por *feedback* pode ser bem razoável. A Fig. 9.6 mostra dados de dois testes de tensão em função da deformação, extraídos de Vargas (2017) e Vargas et al. (2018), para um material bem complexo, um óleo parafínico a 4 ^{o}C. Os testes foram realizados com o reômetro Haake Mars III, da Thermo Scientific, com controle de tensão, ou seja, controla deformação de forma indireta, por *feedback*. Os testes são detalhadamente descritos em Vargas et al. (2018), mas basicamente, o óleo é aquecido a 50 ^{o}C por 20 min e resfriado a taxa constante de 0,6 ^{o}C/min até 4 ^{o}C. O teste se inicia depois de 2 h e realizado também em 2 h. Espera-se com esse procedimento sempre uma amostra de material elasto-viscoplástico com estrutura similar, semelhante a que está na Fig. 8.3. Para maiores detalhes sobre reometria de óleos parafínicos, veja

Wardhaugh e Boger (1991), Marchesini et al. (2012), Soares, Thompson e Machado (2013), Tarcha et al. (2015). Os círculos verdes são os resultados do teste com imposição de tensão, e os quadrados roxos são com imposição de deformação (de forma indireta). Como discutido anteriormente, o controle de tensão não possibilita a medição da tensão limite de cisalhamento dinâmica τ_d com imposição de tensão crescente. Daí a importância da escolha do tipo de controle.

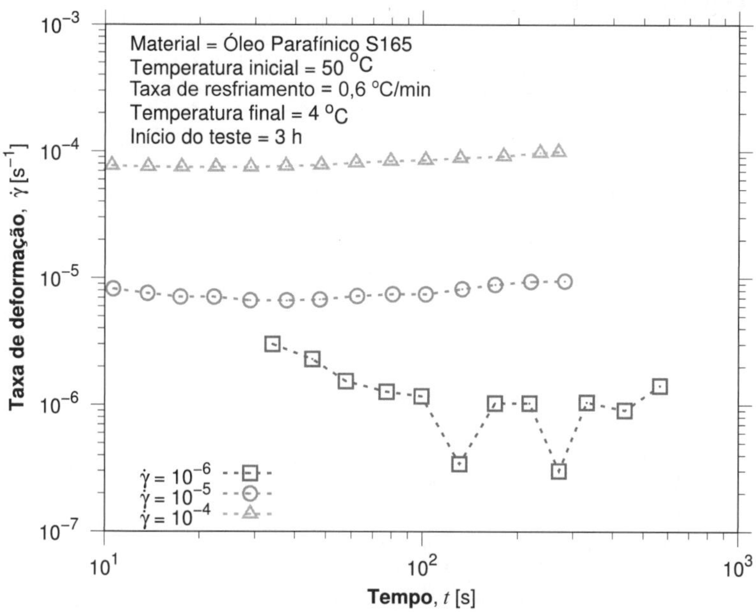

Figura 9.7 Resposta de taxa de deformação para diferentes níveis de imposição de taxa de deformação. Fonte: elaboração própria (baseada em dados de Tarcha et al. (2015)).

Apesar de o controle de deformação indireto, ou seja, por *feedback*, ser bem razoável para a maioria das análises de interesse, vale a pena apontarmos algumas de suas deficiências. Isso fica claro quando se trata de materiais estruturados, ou seja, materiais viscoplásticos. Uma análise simples reportada por Tarcha et al. (2015) exemplifica bem o problema, mostrado na Fig. 9.7. Os autores usaram amostras de um óleo parafínico pré-aquecidas e resfriadas como manda o protocolo de testes com esse tipo de material. Os testes consistiam simplesmente em impor uma taxa de deformação ao óleo estruturado e observar a resposta do equipamento, também na forma de taxa de deformação, ao longo do tempo. Foi usado um reômetro com controle de tensão (Haake Mars II) com capacidade de medir a taxa de deformação na ordem de $10^{-8}\mathrm{s}^{-1}$. Fica claro que, apesar das taxas impostas estarem dentro da faixa de medição do equipamento, é difícil obter a resposta esperada. Quanto menor a taxa imposta, maior a dificuldade. Para imposição de taxa de $10^{-6}s^{-1}$ (quadrados roxos), a resposta foi grosseira. Com imposição de taxas maiores, $10^{-5}s^{-1}$ (círculos verdes) e $10^{-4}s^{-1}$ (triângulos azuis), as respostas já foram qualitativamente bem razoáveis. Essa imprecisão de controle de taxa de deformação é resultado das alterações estruturais contínuas no material. É óbvio que os controles são cada vez melhores à medida que os equipamentos são aprimorados, mas, até o momento, uma imposição precisa de deformação só pode ser obtida com reômetros com controle direto, verdadeiros controladores de deformação.

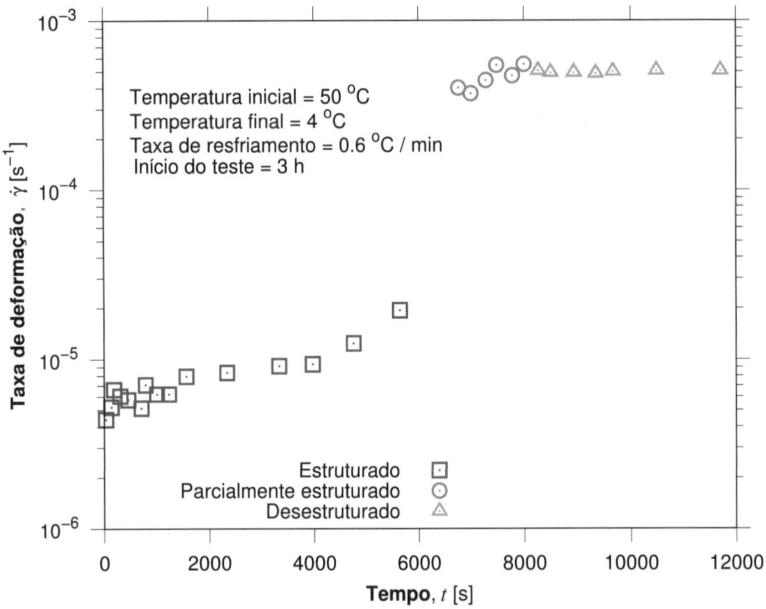

Figura 9.8 Resposta de taxa de deformação em um material com diferentes níveis de estruturação. Fonte: elaboração própria (baseada em dados de Tarcha et al. (2015)).

Os resultados na Fig. 9.8 mostram, agora com mais clareza, quanto a estrutura do material dificulta ou facilita o controle de taxa de deformação. Os autores impuseram uma taxa de $5 \times 10^{-4}s^{-1}$. No início do teste o material está totalmente estruturado e resiste à deformação imposta, obrigando o equipamento a se reajustar para atingir à taxa de deformação imposta. Em um segundo estágio, depois de 6.000 s, o material já está parcialmente desestruturado e a resposta à taxa de deformação imposta já é quase obtida. Mas só depois de 8.000 s, com o material bem desestruturado, a taxa medida foi igual à imposta. Com controle real de deformação, a resposta do equipamento em termos de taxa de deformação é imediatamente igual a taxa de deformação imposta.

9.1.2 Geometrias rotativas

Vamos agora discutir detalhes específicos das geometrias mais usadas em reometria rotativa. Infelizmente, não existe uma geometria universal, adequada a todos os necessários testes. A escolha da geometria depende de diversos fatores como limitação do torque do equipamento, existência ou não de partículas sólidas da amostra e evaporação da amostra.

Placas paralelas

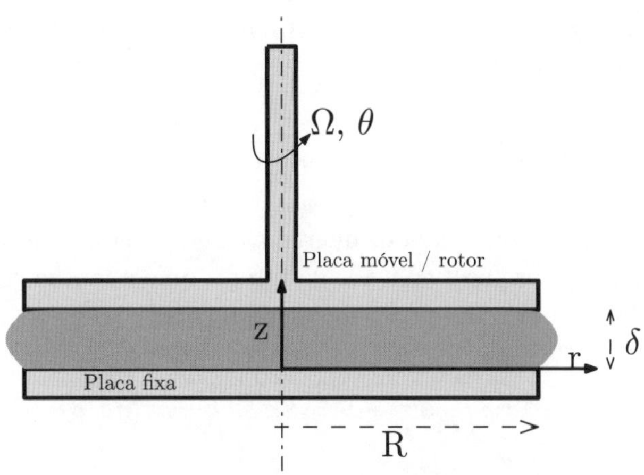

Figura 9.9 Geometria de placas paralelas.

Um das geometrias mais simples e largamente utilizada é a de placas paralelas (Fig. 9.9). A placa inferior é fixa na base do reômetro e a superior é livre para girar. As duas dimensões características dessa geometria são o diâmetro das placas e o espaçamento entre elas, respectivamente d e δ. Vamos descrever a seguir como, sabendo a velocidade angular Ω e o torque aplicado à placa, medir a viscosidade η. É muito importante o engenheiro conhecer todo o equacionamento, pois isso lhe dá subsídios para uma boa escolha de geometria para os casos específicos de seu interesse. Não é demais lembrar que a viscosidade é uma propriedade que se mede de forma indireta; portanto, hipóteses são necessárias para conceber os instrumentos de medida e, nesse caso, uma geometria de medida. A primeira hipótese necessária é o espaçamento δ. Ele deve ser suficientemente pequeno, de modo que a velocidade angular ω seja linear em z, conforme a seguinte equação:

$$\omega(z) = \frac{z}{\delta}\Omega \tag{9.4}$$

O componente v_θ da velocidade é então simplesmente:

$$v_\theta = r\omega(z) \tag{9.5}$$

Essa é uma função de r e z, mas com variáveis separadas. Portanto, o único termo não nulo do tensor taxa de deformação (veja Tab. 3.1) é o $\dot{\gamma}_{\theta,z}$:

$$\dot{\gamma}_{\theta,z} = \frac{\partial v_\theta}{\partial z} = r\frac{\partial \omega}{\partial z} = \frac{r\Omega}{\delta} \tag{9.6}$$

Portanto, a taxa de cisalhamento não é uniforme entre as placas paralelas, e isso, como vamos discutir mais adiante, não é o ideal. Adiante, sabendo a taxa de cisalhamento, podemos escrever a tensão cisalhante como:

$$\tau_{\theta,z} = \eta\frac{r\Omega}{\delta} \tag{9.7}$$

Em que η é a viscosidade cisalhante que queremos medir. Temos agora que relacionar a tensão cisalhante com o torque $\Im$ aplicado ao rotor. Como a tensão varia com o raio da placa, temos que integrá-la ao longo do raio r, na forma:

$$\Im = \int_o^R r\tau_{r,\theta} dA = 2\pi\frac{\Omega}{\delta}\int_o^R \eta r^3 dr \tag{9.8}$$

É importante observar agora que a viscosidade, obviamente, varia com r, já que a taxa de cisalhamento também varia com r. Então, o que podemos medir com as placas paralelas é apenas uma viscosidade média, que tem, finalmente, a seguinte forma:

$$\eta = \frac{2\delta}{\pi R^4}\frac{\Im}{\Omega} \tag{9.9}$$

Enfim, a Eq. (9.9) é a expressão para inferir a viscosidade com o uso de placas paralelas em função do espaçamento entre elas δ, do seu raio R, da velocidade angular Ω e do torque $\Im$ aplicado à placa-rotor para manter a velocidade angular constante.

Cone e placa

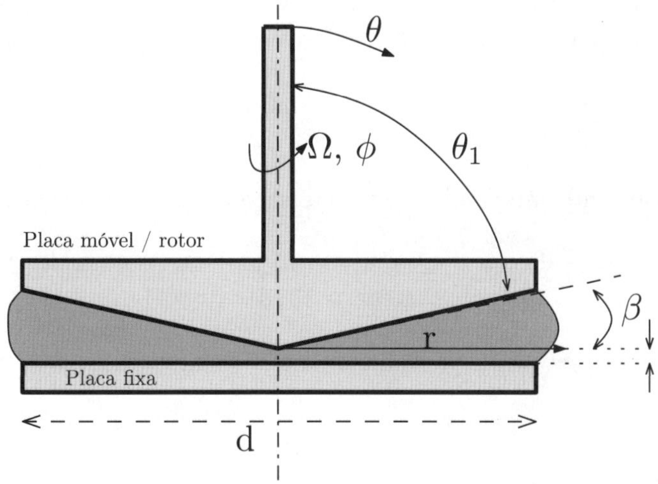

Figura 9.10 Geometria de cone-placa.

Já adiantamos o principal problema das placas paralelas: taxa de cisalhamento não uniforme, representada pela Eq. (9.6), que implica em imprecisões na medida da viscosidade. Na verdade, a Eq. (9.9) nos dá uma viscosidade média da amostra. Uma alternativa às placas paralelas é usar a geometria cone-placa (Fig. 9.10). Já fica claro à primeira vista que a construção dessa geometria é mais difícil, em face da necessidade do ângulo de conicidade β ser muito pequeno. Com essa hipótese, o componente v_ϕ da velocidade pode ser aproximado pela seguinte forma (BIRD; ARMSTRONG; HASSAGER, 1987):

$$v_\phi = r\Omega\left(\frac{\pi/2-\theta}{\pi/2-\theta_1}\right) \tag{9.10}$$

Como nas placas paralelas, na geometria cone-placa só há um componente de velocidade, v_ϕ, que é agora função de r e θ. Portanto, o único termo não nulo do tensor taxa de deformação é o $\dot{\gamma}_{\phi,\theta}$, que tem a seguinte forma (veja os componentes do gradiente de velocidade em coordenadas esféricas na Tab. 3.1):

$$\dot{\gamma}_{\phi,\theta} = \frac{\text{sen}(\theta)}{r}\frac{\partial}{\partial\theta}\left(\frac{v_\phi}{\text{sen}(\theta)}\right) = \frac{1}{r}\frac{\partial v_\phi}{\partial\theta} = -\frac{\Omega}{\beta} \tag{9.11}$$

Como β é muito pequeno, θ é próximo de $\frac{\pi}{2}$ e, portanto, $\text{sen}(\theta) \approx 1$. Assim, a taxa de cisalhamento é uniforme no cone-placa. O torque é então calculado integrando o produto da força cisalhante pelo raio na superfície do rotor, em que $\theta = \theta_1$, da seguinte forma:

$$\mathfrak{I} = \int_0^{2\pi} \int_0^R r\tau_{\theta,\phi} dA = \int_0^{2\pi} \int_0^R r^2 \tau_{\theta,\phi} dr d\phi \tag{9.12}$$

Como $\dot{\gamma}_{\phi,\theta}$ é constante entre a placa e o cone, $\tau_{\phi,\theta}$ também é constante, logo:

$$\tau_{\theta,\phi} = \frac{3\mathfrak{I}}{2\pi R^3} \tag{9.13}$$

Ainda, como $\eta \equiv \tau_{\theta,\phi}/\dot{\gamma}_{\phi,\theta}$, chega-se finalmente a uma expressão para inferir a viscosidade:

$$\eta = \frac{3\beta\mathfrak{I}}{2\pi R^3 \Omega} \tag{9.14}$$

Diferentemente da expressão para as placas, representada pela Eq. (9.9), a Eq. (9.14) não é uma viscosidade média; portanto, em princípio, é uma medida mais precisa. Mais adiante, vamos discutir alguns critérios para escolha de geometrias, na subseção 9.1.3.

Taylor-Couette

Outra geometria largamente utilizada são os cilindros concêntricos, também chamada de Taylor-Coutte. Taylor[22] foi o primeiro a estudar diversos aspectos dessa geometria, como o surgimento de escoamento secundários em regime ainda laminar, chamados de vórtices de Taylor (TAYLOR, 1923). Em baixas rotações, o escoamento se assemelha muito ao escoamento de Couette,[23] entre placas paralelas retangulares. Daí a razão do nome da geometria.

Nessa geometria, se $L >> (R_2 - R_1)$, os efeitos de fundo, entre a base do cilindro fixo e do rotor, são desprezíveis. Ainda, se a folga $R_2 - R_1$ for suficientemente pequena, o perfil de velocidade angular pode ser considerado linear com a forma:

$$\omega(r) = \frac{(R_2 - r)}{(R_2 - R_1)}\Omega \tag{9.15}$$

[22] Sir Geoffrey Ingram Taylor, março de 1886 a junho de 1975, físico e matemático britânico, considerado um ícone da mecânica dos fluidos.

[23] Maurice Marie Alfred Couette, 9 de janeiro de 1858 a 18 de agosto de 1943, físico francês conhecido por seus trabalho em mecânica dos fluidos.

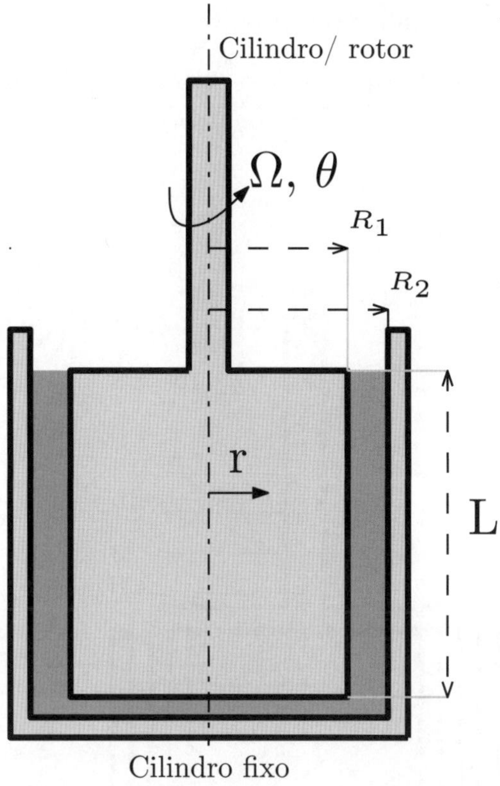

Figura 9.11 Geometria de Taylor-Couette ou cilíndros concentrícos.

Então, a velocidade v_θ é simplesmente:

$$v_\theta(r) = \frac{(R_2 - r)}{(R_2 - R_1)}\Omega r \tag{9.16}$$

A taxa de cisalhamento $\dot{\gamma}_{r,\theta}$ entre os cilindros é dada por:

$$\dot{\gamma}_{r,\theta} = \frac{\partial v_\theta}{\partial r} = \Omega\frac{(R_2 - 2r)}{(R_2 - R_1)} \tag{9.17}$$

Portanto, a tensão cisalhante $\tau_{r,\theta}$ também uniforme é:

$$\tau_{r,\theta} = \eta\frac{\partial v_\theta}{\partial r} = \eta\Omega\frac{(R_2 - 2r)}{(R_2 - R_1)} \tag{9.18}$$

Nesse caso, o torque é simplesmente:

$$\Im = \tau_{r,\theta}A_{R_1}R_1 = \eta\Omega\frac{(R_2 - 2R_1)}{(R_2 - R_1)}2\pi R_1 L R_1 = 2\pi L R_1^2\frac{(R_2 - 2R_1)}{(R_2 - R_1)}\eta\Omega \tag{9.19}$$

Finalmente, a viscosidade se infere como:

$$\eta = \frac{(R_2 - R_1)}{2\pi L{R_1}^2(R_2 - 2R_1)} \frac{\mathfrak{T}}{\Omega} \tag{9.20}$$

Taylor-Couette com folga dupla

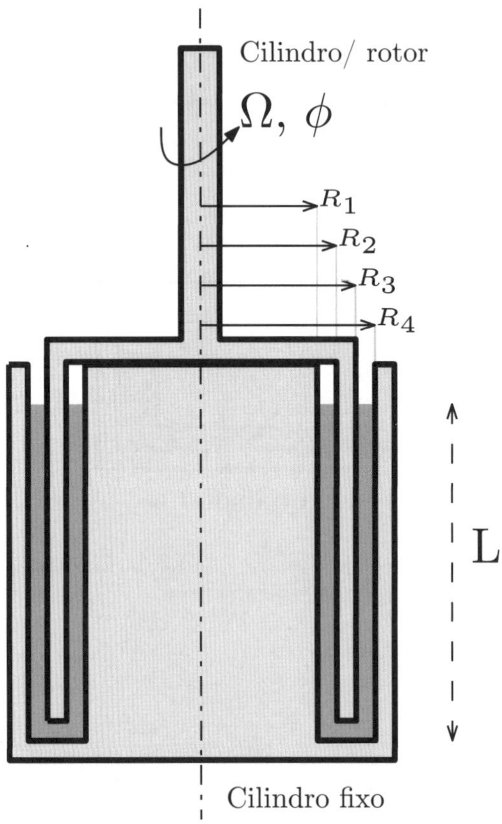

Figura 9.12 Geometria de Taylor-Couette com folga dupla ou cilíndros concentrícos de folga dupla.

Uma geometria semelhante a Taylor-Couette é a Taylor-Couette com folga dupla (na literatura em inglês *Double*-Taylor-Couette). A dinâmica do escoamento é praticamente a mesma, mas agora com maior área de contato entre o fluido e as paredes da geometria (vamos discutir a importância disso mais tarde em 9.1.3). Novamente, desprezando os efeitos de fundo e considerando as folgas $R_2 - R_1$ e $R_4 - R_3$ muito pequenas, o perfil de velocidade angular é linear, mas deve ser considerado separadamente em cada folga. A velocidade angular pode ser aproximada:

$$v_\theta|_{R_1R_2} = \frac{(r - R_1)}{(R_2 - R_1)}\Omega r \; ; \; v_\theta|_{R_3R_4} = \frac{(R_4 - r)}{(R_4 - R_3)}\Omega r \tag{9.21}$$

Da mesma form,a a taxa de cisalhamento $\dot{\gamma}_{r,\theta} = \partial v_\theta / \partial r$ é computada separadamente em cada folga:

$$\dot{\gamma}_{r,\theta}|_{R_1R_2} = \frac{(2r - R_1)}{(R_2 - R_1)}\Omega \; ; \; \dot{\gamma}_{r,\theta}|_{R_3R_4} = \frac{(R_4 - 2r)}{(R_4 - R_3)}\Omega \tag{9.22}$$

Enfim, o torque é dado pela expressão:

$$\begin{gathered} \mathfrak{I} = \tau_{r,\theta}|_{R_2} A_{R_2} R_2 + \tau_{r,\theta}|_{R_3} A_{R_3} R_3 = \\ \eta \frac{(2R_2 - R_1)}{(R_2 - R_1)}\Omega 2\pi R_2 L R_2 + \eta \frac{(R_4 - R_3)}{(R_2 - R_1)}\Omega 2\pi R_3 L R_3 = \\ 2\pi L \eta \Omega \left(\frac{(2R_2 - R_1)R_2^2 + (R_4 - 2R_3)R_3^2}{(R_2 - R_1)(R_4 - R_3)} \right) \end{gathered} \tag{9.23}$$

Agora, chega-se à seguinte expressão para inferir a viscosidade:

$$\eta = \frac{\mathfrak{I}}{2\pi L \Omega} \left(\frac{(R_2 - R_1)(R_4 - R_3)}{(2R_2 - R_1)R_2^2 + (R_4 - 2R_3)R_3^2} \right). \tag{9.24}$$

9.1.3 Critérios de escolha de geometrias

Mostramos as geometrias mais comuns em reometria, deduzindo expressões para a taxa de cisalhamento, tensão cisalhante e, consequentemente, para a viscosidade em função da velocidade angular do rotor Ω e torque $\mathfrak{I}$ aplicado ao mesmo. Agora, vamos rapidamente elencar alguns critérios para escolha das geometrias e discutir possíveis correções, principalmente quando usadas placas paralelas, geometria cuja taxa de cisalhamento não é uniforme na amostra.

Antes de discutir cada um, vamos enumerar as principais restrições de cada geometria que o engenheiro deve estar atento, antes de iniciar a medida ou de considerar a medida como válida. São elas:

8.1 nível de viscosidade da amostra;
8.2 homogeneidade da taxa de deformação na amostra;
8.3 evaporação da amostra;
8.4 presença de partículas sólidas na amostra;
8.5 deslizamento.

Nível de viscosidade da amostra

A restrição (1) talvez seja a mais evidente. Todos os equipamentos, e os reômetros não são exceções, tem limitações técnicas. Especificamente, os reômetros têm capacidade de aplicação controlada de torque limitada, ou seja, os equipamento são especificados para trabalharem com um torque mínimo e máximo. Em outras palavras, eles são capazes de aplicar e medir o torque dentro de uma faixa, que pode ser larga ou estreita, dependendo da sofisticação de cada um. Com isso em mente e diante de certo material que se deseja testar, a primeira análise que se faz, em primeira mão qualitativa, é sobre seu nível de viscosidade. Se o material parecer muito consistente e viscoso, uma geometria com pouca área de contato pode ser mais conveniente, uma vez que o torque é proporcional à área de contato. Caso uma geometria com mais área de contato seja usada, o torque necessário para manter a rotação desejada pode ser superior ao limite máximo de projeto do equipamento. Então, nos casos de materiais muito consistentes, as geometrias placa-placa e cone-placa são mais indicadas. Ainda pode-se escolher entre as placas ou cones àqueles com raios menores.

O caso oposto é quando se deseja analisar materiais pouco consistentes e de baixa viscosidade, em geral próxima à da água. Nesse casos, mais área de contato é desejada, pois agora a preocupação é que o torque necessário para se manter a desejada rotação seja muito baixo. Assim, com área maior, aumenta-se o torque e, portanto, é mais fácil trabalhar acima do torque mínimo do equipamento. Enfim, para fluidos pouco viscosos, indicam-se os cilindros concêntricos de folga simples e o de dupla folga, Taylor-Couette e Double-Taylor-Couette, respectivamente. Este último é ainda mais adequado quando os níveis de viscosidade são de fato bem pequenos, próximos aos da água.

Homogeneidade da taxa de deformação

A restrição (2) é muito importante. Entre as geometrias apresentadas neste capítulo, a placa-placa é a única que embute um erro na medida da viscosidade, por conta da taxa de cisalhamento não ser constante na amostra. Como indica a Eq. (9.6), $\dot{\gamma}_{r,\theta}$ varia com r. Isso imbute um erro na medida, uma vez que não se mede, de fato, a viscosidade com essa geometria, mas simplesmente uma viscosidade média no domínio da amostra. É muito comum usar uma correção para viscosidade quando se usa as placas paralelas (veja alguns trabalhos recentes de Pipe, Majmudar e McKinley (2008), Mendes, Alicke e Thompson (2014)). A correção clássica é chamada de *Weissenberg-Rabinowitch* (BIRD; ARMSTRONG; HASSAGER, 1987). Então em vez de usar a Eq. (9.9), usa-se uma correção na forma:

$$\eta = \frac{\Im \delta}{2\pi R^4 \Omega}\left(3 + \frac{d\left[ln(\Im/2\pi R^3)\right]}{d\left[ln(R\Omega/\delta)\right]}\right) \tag{9.25}$$

Se o fluido for newtoniano, a derivada é igual a 1 e a Eq. (9.25) se reduz à Eq. (9.9). Alguns equipamentos já incluem a correção em seus softwares de aquisição de dados, mas é importante verificar.

Evaporação da amostra

Em geral, uma amostra de fluido em contato com a atmosfera perde com o tempo seus componentes mais voláteis, o que exige cuidados do engenheiro. Esta é a restrição (3). Essa perda pode ser evitada usando uma atmosfera inerte ou geometrias hermeticamente fechadas. Para minimizar o efeito, pode-se ainda usar geometrias com maior volume de amostra, como a Taylor-Couette. Caso a perda seja inevitável, o teste deve ser realizado no menor intervalo de tempo possível.

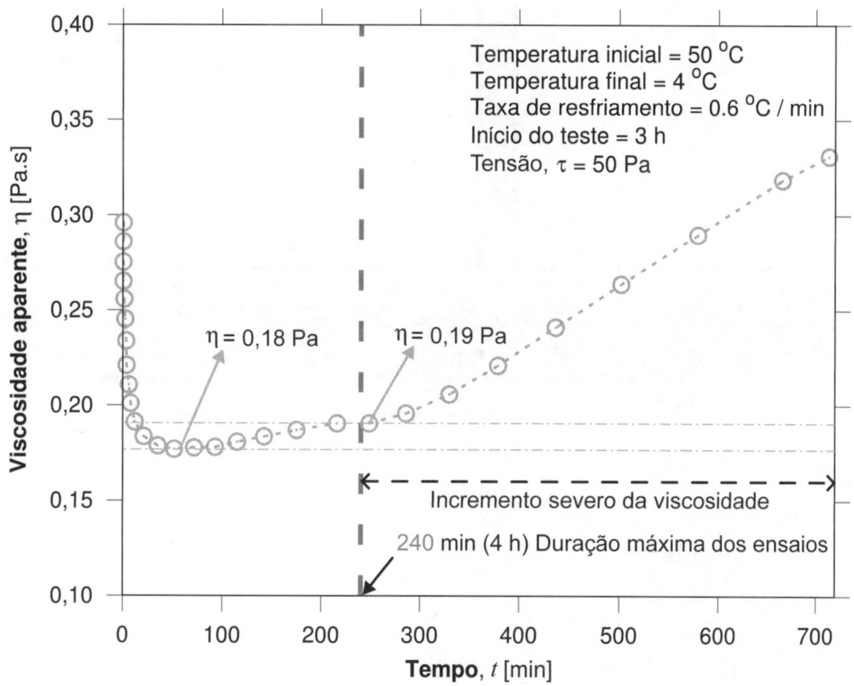

Figura 9.13 Incremento da viscosidade com o tempo devido à perda de voláteis de um óleo parafínico. Fonte: elaboração própria (baseada em dados de Tarcha et al. (2015)).

A Fig. 9.13 ilustra bem o problema da evaporação, reportado em Tarcha et al. (2015). Os autores estudaram o comportamento reológico de óleos parafínicos. Como manda o protocolo de análise desse material, a amostra foi termicamente pré-tratada, aquecida até T_i=50 ^{o}C e resfriada a taxa constante 0,6 ^{o}C/min até 4 ^{o}C, a temperatura de teste. A amostra descançou por 3 h nessa temperatura antes de iniciar o teste em que se aplica uma tensão de 50 Pa por um longo tempo, 720 min (12 h) nesse caso. A viscosidade é graficada em função do tempo. No início, ela cai, um efeito afinante do fluido, até atingir um patamar estável de $\eta = 0,18Pa$, no caso por mais de 1 h. A partir desse intervalo, a viscosidade começa a subir e atinge η =0,19 Pa.s em 240 min (4 h), quando começa a aumentar dramaticamente. Esse aumento é por conta da perda de voláteis do óleo. Os autores, então, restringiram todos os testes a um intervalo de tempo menor que 4 h. Esse estudo preliminar é bem comum na literatura e altamente recomendado (veja também Marchesini et al. (2012), Vargas et al. (2018)). Em resumo, quando não se pode evitar a evaporação, o reólogo deve estar atento e fazer os testes no menor tempo possível.

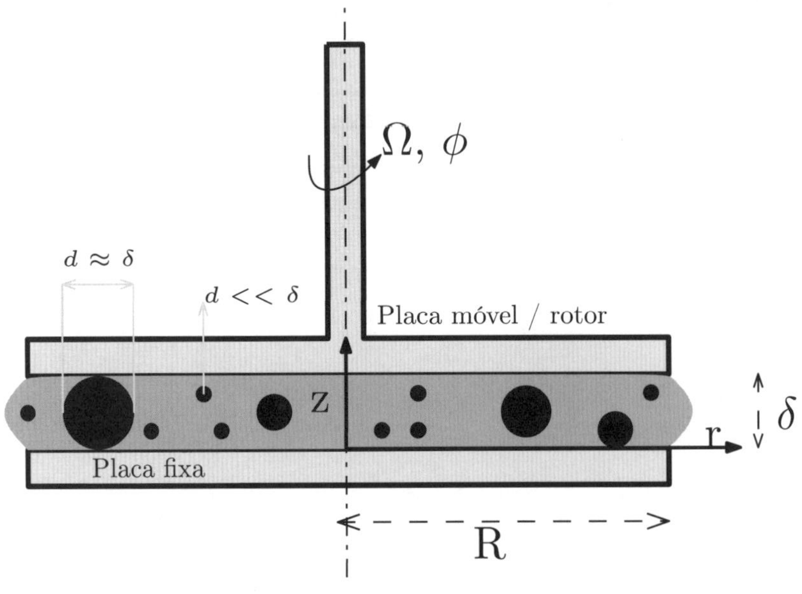

Figura 9.14 Presença de partículas na amostra.

Presença de partículas sólidas na amostra

A restrição (4) para escolha de geometrias refere-se à presença de partículas sólidas na amostra. Isso é muito comum, pois frequentemente é preciso analisar suspensões. Diversos materiais comuns de interesse, como lamas, neve, lavas vulcânicas, óleos parafínicos, gelo e cosméticos em geral, têm partículas suspenças. Em geral, materiais viscoplásticos são suspensões; portanto, o problema das partículas sólidas na amostra é frequente. Em suma, os erros de medição são graves quando a suspensão tem partículas com diâmetro da ordem do espaçamento entre as paredes da geometria, como indicado na Fig. 9.14. Nesse caso, pode haver contato sólido-sólido e mascarar as medidas. Esse problema pode ser reduzido ou evitado usando a geometria de placas paralelas. Na verdade, essa é a grande vantagem dessa geometria, porque o espaçamento entre as placas pode ser alterado. Geralmente usa-se um espaçamento δ em torno de 0,5 mm, mas pode ser aumentado se houver partículas dessa ordem de grandeza. Obviamente, δ não pode ser muito grande. Caso o fosse, seria perdida a condição essencial, premissa de todas as geometrias, de linearidade do perfil de velocidades.

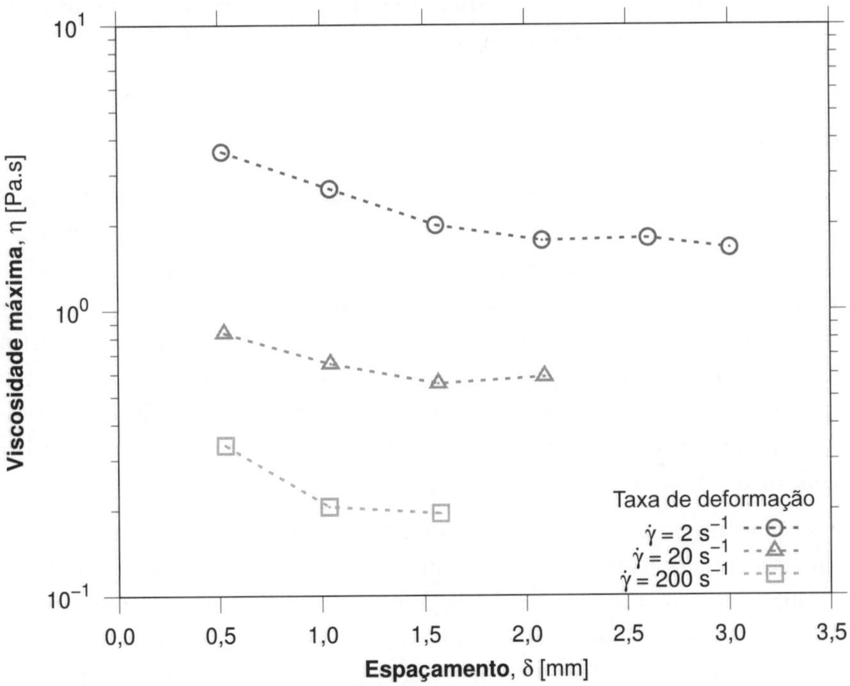

Figura 9.15 Dependência da viscosidade de uma amostra de óleo parafínico com o espaçamento entre placas paralelas. Fonte: elaboração própria (baseada em dados de Marchesini et al. (2012)).

A Fig. 9.15, elaborada com base em dados de Marchesini et al. (2012), ilustra bem o caso agora discutido. Os autores fazem um estudo da influência do espaçamento entre placas paralelas na medida de viscosidade de um óleo parafínico submetido a diferentes taxas de cisalhamento. Testam-se três taxas diferentes: $\dot{\gamma} = 200; 20; 2\ s^{-1}$. Para cada taxa testada, a viscosidade máxima (obtida em teste de resfriamento contínuo) caiu com o aumento do espaçamento δ até um valor assimptótico, de 1,5 mm para $\dot{\gamma} = 200\ s^{-1}$, 2,0 mm para $\dot{\gamma} = 20\ s^{-1}$ e 2,5 mm para $\dot{\gamma} = 2\ s^{-1}$. Possivelmente, os cristais de parafina quando têm ordem de grandeza δ causam atrito sólido com a parede da geometria.

Nessa condição, o equipamento mede, portanto, uma falsa viscosidade maior que a real. Aumentando o espaçamento, o contado reduz e a indicação de viscosidade cai. A partir de certo valor mínimo de δ, a resposta em viscosidade é invariante. Interessante notar que esse espaçamento mínimo depende também da taxa de cisalhamento. Ele é menor à medida que a taxa aumenta, o que é razoável, como afirmam os autores, pois o tamanho médio dos cristais tende a cair quando o escoamento é mais intenso, com maior nível de tensão. Portanto, em amostras com partícula, δ deve ser suficientemente grande para evitar contato sólido-sólido, mas pequeno para garantir a hipótese de linearidade do perfil de velocidade angular. É claro que nem sempre isso é possível, portanto, cada caso específico deve ser previamente investigado.

Deslizamento

O deslizamento de fluidos é um assunto empolgante e extremamente importante, que tem chamado a atenção dos pesquisadores em reologia. Obviamente, o reólogo está interessado em entender o comportanto estrutural dos materiais e suas propriedades volumétricas, e o deslizamento do material nas paredes das geometrias mascara os parâmetros reológicos, portanto, sob a ótica da reologia, ele deve ser compreendido e evitado. O deslizamento, de fato, existe quando um fluido tem fobia a certa superfície, ou seja, quando não há aderência. É o caso, por exemplo, de superfícies hidrofóbicas: elas repelem a água, provocando um deslizamento real. Outro exemplo é mercúrio em vidro, que desliza totalmente nessa superfície.

Entretanto, nosso objeto de interesse é, de fato, a depleção das partículas sólidas das paredes, que macroscopicamente dá uma impressão de deslizamento e é, de fato, chamada de deslizamento na literatura. Esse fenômeno ocorre em escoamentos envolvendo múltiplas fases, como suspensões, emulsões ou soluções poliméricas concentradas. Por conta de vários mecanismos físicos, como forças Brownianas, gravitacionais, hidrodinâmicas e eletrostáticas nas paredes, as partículas tendem a se distanciar das paredes, deixando uma camada bem fina, tipicamente de $0,1 - 10$ μm, de líquido que atua como lubrificante, o que causa uma impressão de que há deslizamento. Há um grande número de bons trabalhos sobre deslizamento e uma boa introdução ao assunto, precisamente à depleção das partículas nas paredes, é a revisão de Barnes (1995), na qual os principais conceitos e mecanismos são abordados.

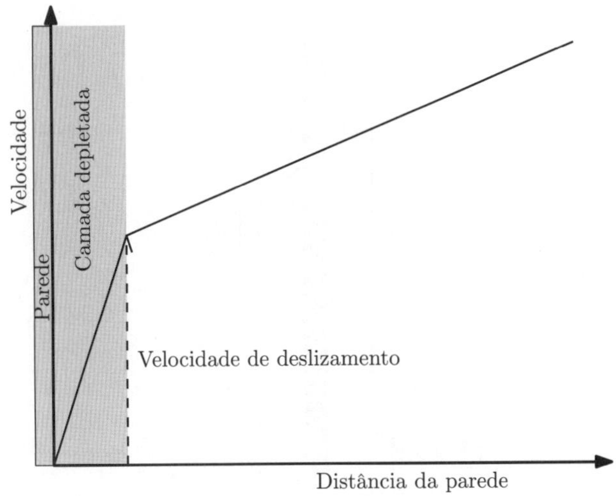

Figura 9.16 Modelo simples de deslizamento.

A Fig. 9.16 ilustra o que acabamos de descrever. De fato, quando esse fenômeno ocorre, a velocidade na parede continua nula, ou seja, a hipótese de não deslizamento continua sendo válida, mas como a camada de fluido é muito fina parece haver um deslizamento. Normalmente, há uma descontinuidade na derivada da velocidade na interface entre o volume médio, representativo do material, e a camada lubrificante, sem partículas, próxima à parede. Quando esse fenômeno ocorre nas geometrias reométricas, há uma indicação falsa de viscosidade, menor que a real.

Figura 9.17 Geometria anti-deslizamento: placas ranhuradas.

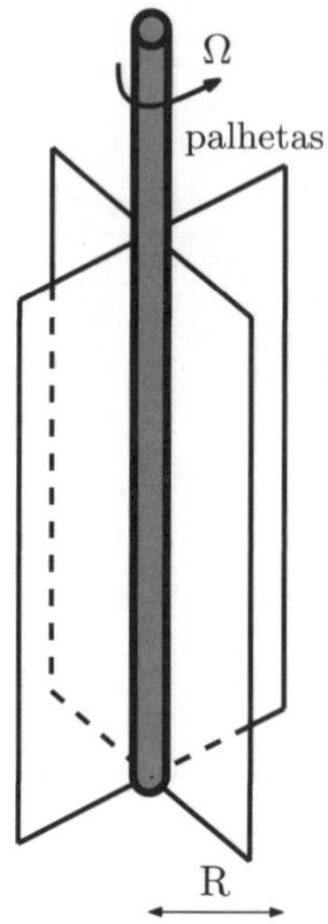

Figura 9.18 Geometria anti-deslizamento: *Vane*.

Felizmente, o deslizamento pode ser evitado ou, ao menos, minimizado basicamente de duas maneiras: com tratamento químico das superfícies das geometrias ou por meio de modificações. Alguns produtos químicos reduzem ou evitam a repulsão das partículas das paredes, mas cada produto é eficaz para cada tipo de sistema fluido-partícula. Por exemplo, pode-se usar determinado produto para reduzir o deslizamento do Carbopol nas geometrias de titânio, mas ele não teria a mesma eficiência em repelir um óleo parafínico. Portanto, o que é de forma geral mais eficiente é a modificação da arquitetura das geometrias. Uma alternativa para evitar o deslizamento, e quase obrigatório em todos laboratórios de reologia, é o uso de placas ranhuradas (Fig. 9.17). As ranhuras devem ter lacunas bem maiores que a dimensão das partículas para se evitar o deslizamento. Cristais de parafina, por exemplo, tem dimensão na ordem de μm (ANDRADE, 2016). Portanto, placas com ranhuras da ordem de milímetros são, em princípio, adequadas. Pode-se usar outras alternativas mais baratas, como superfícies jateadas com areia ou lixas coladas nas placas, ou ainda algum tipo de papel colado nas placas, uma medida extremamente barata, mas ainda, em alguns casos, razoável. Outra alternativa é o uso de um rotor com palhetas (em inglês de *Vane*), representado na Fig. 9.18. Carnali e Barnes (1990) defendem que o escoamento entre as pás do rotor e o cilindro externo é muito similar ao escoamento entre cilindros concêntricos. Diversos outros autores tem usado o *Vane* para evitar o escorregamento, veja por exemplo Dzuy e Bogers (1983) e Coelho et al. (2022).

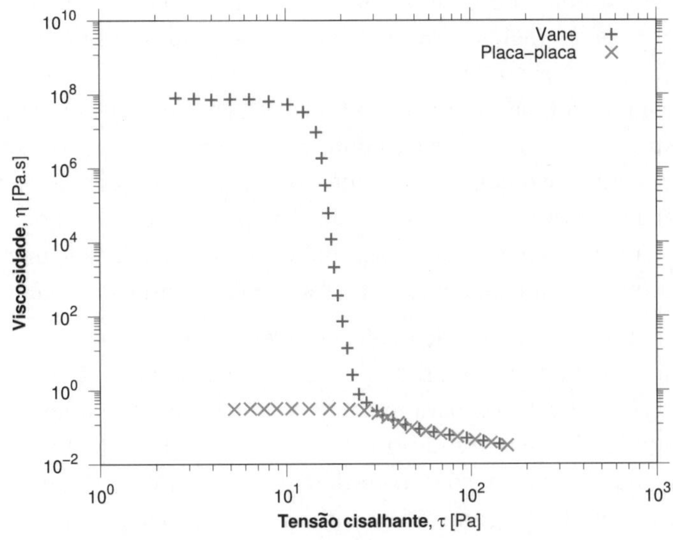

Figura 9.19 Resposta de viscosidade em função da tensão de uma emulsão água-óleo com duas geometrias: *Vane* e placa-placa. Fonte: elaboração própria (baseada em dados de Barnes (1995)).

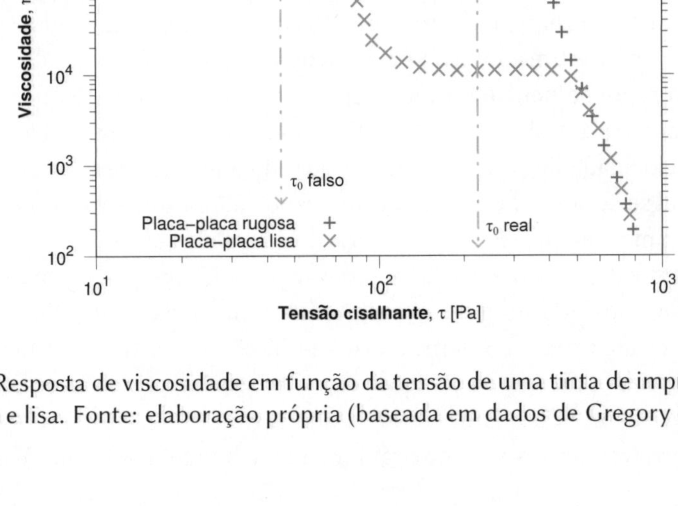

Figura 9.20 Resposta de viscosidade em função da tensão de uma tinta de impressão com placa-placa: rugosa e lisa. Fonte: elaboração própria (baseada em dados de Gregory e Mayers (1993)).

A Fig. 9.19 (elaborada com base na Fig. 1C de Barnes (1995)) mostra a gravidade do deslizamento para reometria e, ao mesmo tempo, como mitigá-la ou evitá-la. A viscosidade de uma emulsão água-óleo é graficada em função da tensão. Os autores comparam as medidas obtidas com placas paralelas lisas e o *Vane*. Em altas tensões ou, equivalentemente, em altas taxas de cisalhamento, as gotas de água tendem a quebrar em gotas menores, minimizando o deslizamento, e as medidas com a geometria placa-placa e o *Vane* são muito próximas. Mas em baixas tensões, quando as gotas tendem a ser maiores, a discrepância é evidente. As placas indicam uma viscosidade menor que 1 Pa.s, enquanto o *Vane* indica, supostamente sem deslizamento, um valor maior que 10^6 Pa.s.

Emulsões são fluidos viscoplásticos, e esse nível de viscosidade indicado pelo *Vane* sugere a existência de uma tensão limite de escoamento. A Fig. 9.20, baseada na Fig. 1 de Gregory e Mayers (1993), compara medidas de viscosidade de uma tinta de impressão entre placas paralelas lisas e ranhuradas. O fluido é nitidamente um material viscoplástico. Aplicando baixas tensões, na ordem de 10 Pa, a viscosidade indicada pelas duas geometrias é altíssima, alguns diriam infinita, e isso pode ser interpretado como a existência de uma tensão limite de cisalhamento. Com o aumento da tensão aplicada, aumenta-se também o efeito de depleção das partículas das paredes das placas, e o que se vê nas placas lisas é uma indicação de queda de viscosidade, como se tivesse atingido a tensão limite de escoamento do material, um τ_0 falso (símbolos verdes). Na verdade, o que se vê é um deslizamento, nos termos que definimos, causado pelo aumento de tensão aplicada. Com as placas ranhuradas, supostamente sem deslizamento ou pelo menos minimizado, a queda abrupta de viscosidade só ocorre bem mais adiante (cruzes rochas). Portanto, a tensão necessária para a quebra estrutural do material é bem maior que a indicada pelas placas lisas, τ_0 real no gráfico.

A Fig. 9.21, baseada em resultados de Dalla, Soares e Siqueira (2018), ilustra um problema prático em escoamento de materiais viscoplástico, em que o deslizamento é importante. Trata-se do reinício de escoamentos de materiais gelificados em tubos. Os autores usam na análise uma solução de 7,5% de Carbopol. O material gelificado está inicialmente em repouso dentro do tubo. Aplica-se sucessivamente uma força em um pistão, que é usado para deslocar o material. Quando a tensão é muito baixa, o material não escoa, e a velocidade do pistão U é nula. Quando a tensão aplicada atinge um valor crítico, o material se desloca abruptamente, marcando a tensão necessária para o reinício do escoamento. Em princípio, se não houvesse deslizamento, essa tensão crítica τ_c seria igual à tensão limite de escoamento do material τ_0 medida com placas ranhuradas, nesse caso τ_0 = 345 Pa, indicada no gráfico pela linha pontilhada azul. Observe que, com o tubo liso (quadrados roxos), a tensão crítica era 155 Pa, uma diferença relativa de 55%. Usando um tubo parcialmente rugoso (círculos verdes), a tensão crítica era 287 Pa, valor bem mais próximo de τ_0, uma diferença relativa de 17 %. Se o tubo usado fosse totalmente rugoso (os autores introduziram uma lixa em metade to tubo), os valores de

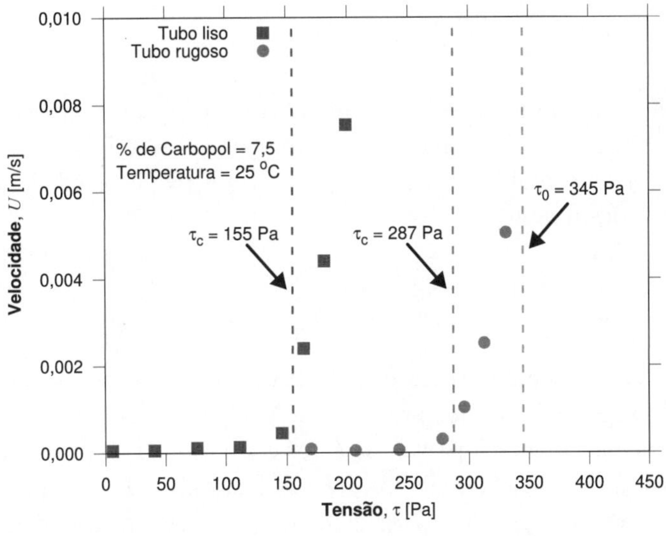

Figura 9.21 Reinício de escoamento de Carbopol em tubos lisos e rugosos. Fonte: elaboração própria (baseada em dados de Dalla, Soares e Siqueira (2018)).

τ_c seriam bem mais próximos de τ_0. Portanto, o deslizamento de Carbopol é dramático em tubos lisos. Em projetos de repartida de líquidos viscoplásticos, conhecer a natureza do deslizamento é fundamental.

9.2 MÉTODOS DE MEDIÇÃO DAS TENSÕES NORMAIS

Nesta seção, iremos discutir três métodos de medição das diferenças de tensões normais. Os dois primeiros utilizam as geometrias cone e placa e placas paralelas da reometria rotativa, enquanto o terceiro utiliza tomadas de pressão em um tubo com uma fenda.

9.2.1 Cone e Placa

A geometria cone e placa é uma das mais usadas para se determinar tensões normais (BARNES; HUTTON; WALTERS, 1989). Como vimos anteriormente na subseção 9.1.2, a taxa de deformação aplicada ao material é uniforme para pequenos valores de β. Nessa condição e com efeitos inerciais desprezíveis, as diferenças de tensão normais podem ser relacionadas com a distribuição de pressão ao longo da placa (BARNES; HUTTON; WALTERS, 1989).

$$\frac{d\bar{p}}{d(\ln r)} = -[N_1(\dot{\gamma}) + 2N_2(\dot{\gamma})] \tag{9.26}$$

Onde $\bar{p}$ é pressão manométrica (acima da pressão atmosférica) na placa. A inclinação da curva $(\bar{p}, \ln r)$ pode ser usada para determinar $N_1(\dot{\gamma}) + 2N_2(\dot{\gamma})$. Se a pressão for integrada na superfície da placa, a força normal total F na placa é dada por (BARNES; HUTTON; WALTERS, 1989):

$$F = \frac{\pi R^2}{2} N_1(\dot{\gamma}) \tag{9.27}$$

A força F age de forma a separar o cone da placa, ou seja, na direção do eixo de rotação. F é essencialmente a mesma força que produz o efeito Weissenberg, discutido na Capítulo 6. N_1 pode ser calculado com a Eq. (9.27) se F for conhecido, e N_2 pode ser determinado com a Eq. (9.26) se a distribuição radial de pressão for conhecida. É importante ressaltar que o sistema de medição ideal deve ser rígido, uma vez que a taxa de deformação deixa de ser uniforme se o espaçamento entre o cone e a placa for alterado pela força F. Para sistemas não rígidos, um servo-mecanismo normalmente é utilizado para manter os espaçamento (BARNES; HUTTON; WALTERS, 1989).

Uma atenção especial deve ser dada com a medição da distribuição de pressão radial. Uma importante fonte de erro é conhecida como *hole-pressure error*, ou erro de tomada de pressão, que será discutido mais adiante, quando o usarmos para medir N_1 (BIRD; ARMSTRONG; HASSAGER, 1987; BARNES; HUTTON; WALTERS, 1989).

9.2.2 Placas paralelas

De forma semelhante à Eq. (9.25), as diferenças de tensões normais podem ser medidas com a geometria de placas paralelas por meio da Eq. (9.28). Na verdade, o que se mede é $N_1 - N_2$ e a taxa de deformação $\dot{\gamma}_R$, na borda das placas (BARNES; HUTTON; WALTERS, 1989).

$$(N_1 - N_2)|_{\dot{\gamma}_R} = \frac{2F}{\pi R^2}\left(1 + \frac{1}{2}\frac{d\ln(F)}{d\ln(\dot{\gamma}_R)}\right) \tag{9.28}$$

F é novamente a força normal separando as placas. Como reômetros que utilizam a geometria cone e placa podem normalmente ser adaptados para trabalhar com a geometria de placas paralelas e vice-versa, a geometria cone e placa pode ser utiliza para calcular N_1 por meio da Eq. (9.27); em seguida, a geometria de placas paralelas pode ser utilizada com a Eq. (9.28) para calcular N_2. No entanto, como dois experimentos devem ser realizados, um espalhamento significativo dos dados pode ocorrer, a menos que uma experimentação muito cuidadosa e refinada seja realizada.

9.2.3 Método de tomada de pressão

A Fig. 9.22 esquematiza o escoamento por um duto com duas tomadas de pressão nos pontos 1 e 2 para um fluido newtoniano (esquerda) e um fluido elástico (direita). No ponto 1, o transdutor de pressão Tr_1 é embutido, ou seja, segue a parede do tubo, enquanto, na parede oposta do tubo do ponto 2, o transdutor Tr_2 é instalado em uma fenda. A leitura dos transdutores é $P_{t1} = (p + \tau_{yy})_1$ e $P_{t2} = (p + \tau_{yy})_2$ para os pontos 1 e 2, respectivamente. Se o fluido escoando pelo tubo for newtoniano e os efeitos inerciais desprezíveis (o fluido escoa com baixa velocidade), o perfil de velocidade na linha radial, entre os transdutores, $x = 0$, é simétrico. Assim, τ_{yy} é zero nas paredes e $P_{t1} = P_{t2}$. Para fluidos com elasticidade, em geral, $P_{t1} > P_{t2}$. A diferença de pressão $\Delta P = P_{t1} - P_{t2}$ é relacionada a tensões normais em escoamentos cisalhantes. Qualquer método de medição de pressão montado em uma fenda, como no ponto 2, indica uma pressão menor devido ao estiramento das linhas de corrente que passam pelo furo. O erro de tomada de pressão pode ser evitado com o uso de transdutores embutido, como no ponto 1. No entanto, podemos tirar vantagem do fenômeno e utilizá-lo para a medição das diferenças de tensão normais (BARNES; HUTTON; WALTERS, 1989; BIRD; ARMSTRONG; HASSAGER, 1987; MACOSKO, 1994). Para um fluido com elasticidade, as linhas de corrente adjacentes à parede próxima ao furo se deformam, como exemplificado na Fig. 9.22. Isso causa um estiramento ao longo das linhas de corrente pelo componente de tensão normal. O resultado é uma queda de pressão na fenda.

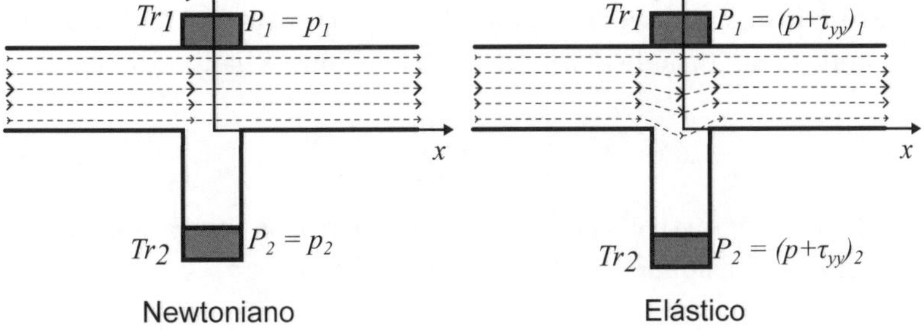

Figura 9.22 Escoamento por um tubo com um transdutor de pressão embutido Tr_1 e um transdutor em uma fenda de tomada de pressão Tr_2. Na figura da esquerda, o fluido é newtoniano e, na da direita, o fluido apresenta comportamento elástico.

Expressões que relacionam ΔP e as diferenças de tensões normais geralmente são um tanto empíricas, com pouca ou nenhuma justificativa teórica. No entanto, essas tendem a concordar bem com resultados experimentais. A Eq 9.29, vista como uma expressão empírica, é empregada para fendas transversais e relaciona ΔP, N_1 e τ_{12} (BIRD; ARMSTRONG; HASSAGER, 1987).

$$\Delta P_{tr} = -\frac{1}{2}\int_0^{\tau_w} \frac{N_1}{\tau_{12}} d\tau_{12} \tag{9.29}$$

Onde τ_w é a tensão cisalhante na parede longe da fenda e τ_{12} é o componente cisalhante da tensão. Os componentes do tensor das tensões devem ser utilizados de uma região do escoamento não perturbada pelos medidores de pressão. N_1 é escrito em função de τ_{12}, pois ambos N_1 e τ_{12} são função de $\dot{\gamma}$.

9.3 REOMETRIA EXTENSIONAL

As propriedades reológicas de escoamentos cisalhantes são, sem dúvida, as mais comuns e menos complexas de serem medidas. Isso porque é possivel gerar um escoamento sem extensão. A resistência ao cisalhamento, a viscosidade cisalhante, η, pode ser medida com alto grau de confiabilidade. O mesmo não pode ser dito das propriedades em extensão. É extremamente difícil, na prática, produzir um escoamento livre de cisalhamento, de extensão pura. Assim como qualquer material, os fluidos impõem resistência à extensão, a viscosidade extensional, η_E. No caso dos fluidos newtonianos, a viscosidade extensional é proporcional à viscosidade cisalhante (por exemplo, em escoamento uniaxial: $\eta_E = 3\eta$); portanto, não é necessária sua medida.

Para medir com precisão a viscosidade extensional, deveríamos impor ao fluido um estado de deformação sem cisalhamento, como mostra a Fig. 9.23. Nesse estado, poderíamos impor uma taxa de deformação extensional $\dot{\epsilon}$ na direção axial:

$$\dot{\epsilon} = \frac{\partial u}{\partial x} \tag{9.30}$$

Se o material for incompressível, para conservar a massa, os componentes da velocidades desse escoamento extensional teriam a seguinte forma:

$$u = \dot{\epsilon}x \;\; ; \;\; v = -\frac{\dot{\epsilon}}{2}y \;\; ; \;\; w = -\frac{\dot{\epsilon}}{2}z \tag{9.31}$$

Se esse campo de velocidade for reproduzido, a viscosidade extensional pode então ser medida, de acordo com sua definição:

$$\eta_E = \frac{\tau_{xx} - \tau_{yy}}{\dot{\epsilon}} \tag{9.32}$$

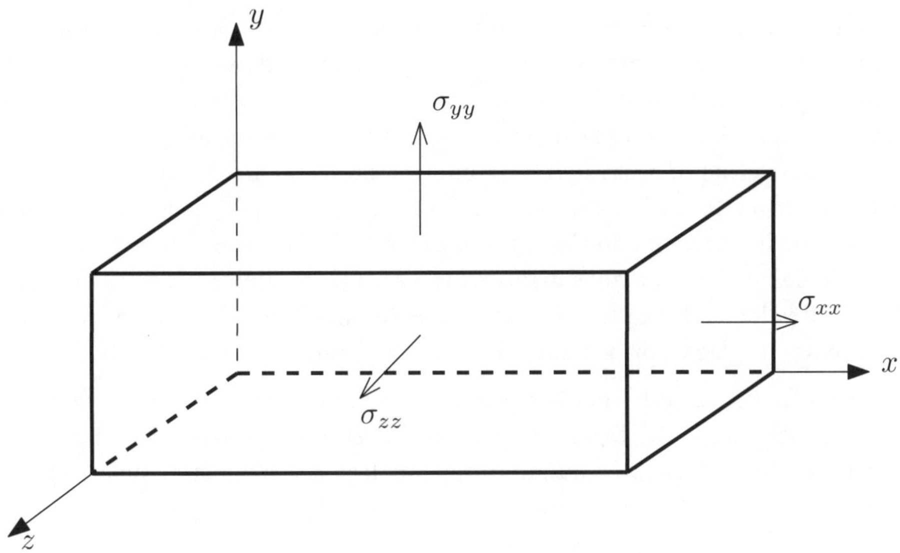

Figura 9.23 Estado uniaxial de tensões.

Pode-se facilmente provar que $\eta_E = 3\eta$ para o caso de fluido newtoniano (veja o exercício 9.1 ao final do capítulo).

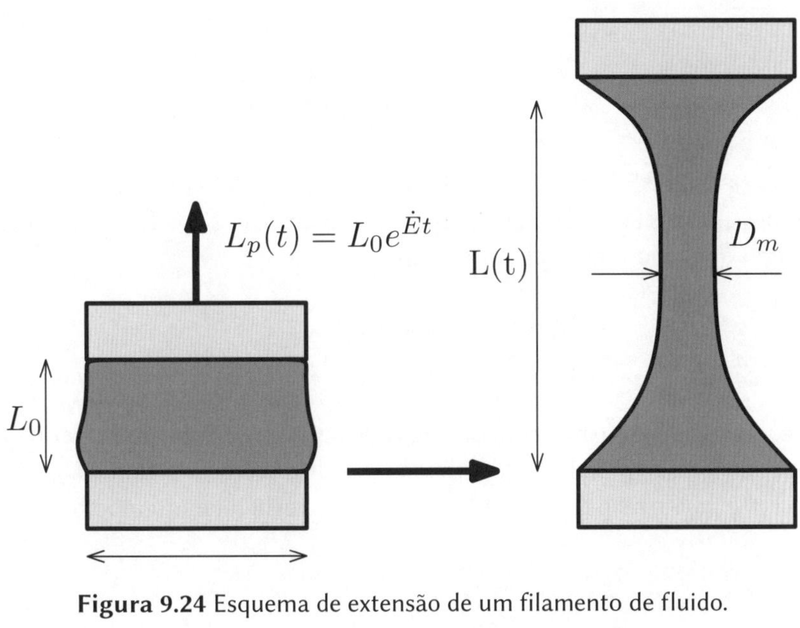

Figura 9.24 Esquema de extensão de um filamento de fluido.

A grande questão da reometria extensional é que não é fácil produzir um escoamento livre de cisalhamento, de extensão pura, como o campo de velocidade da Eq. (9.31). Até hoje o que se consegue é apenas inferir a viscosidade extensional por meio de escoamentos aproximados ao de extensão pura, como o esquematizado na Fig. 9.24. O dispositivo em destaque nessa figura é composto basicamente de duas placas planas e paralelas, sendo a inferior fixa e a superior deslocada com uma dada velocidade imposta, na tentativa de impor ao fluido uma taxa de extensão. Já fica claro que o fluido também sofre cisalhamento. As camadas mais centrais têm maior deformação, induzindo um gradiente de velocidades radial. Portanto, o diâmetro d não é uniforme ao longo da distância entre as placas, principalmente próximo a elas.

A evolução do diâmetro do filamento com o tempo pode ser usada para estimar a viscosidade extensional. De forma simplificada, mostramos aqui a análise bem descrita em Anna e McKinley (2001). Os autores usam um dispositivo em que a placa superior se move com um incremento exponencial:

$$L_p(t) = L_0 = e^{\dot{E}t} \tag{9.33}$$

Onde $\dot{E}$ é uma constante que depende do tempo de relaxação λ do material. A deformação extensional experimentada pelo fluido no plano axial do filamento pode, então, ser expressa em função do diâmetro mínimo do filamento, na distância média entre as placas, D_m:

$$\epsilon = 2\ln\left(\frac{D_0}{D_m(t)}\right) \tag{9.34}$$

Vários autores (BOUSFIELD et al., 1986; ENTOV; HINCH, 1997) já observaram que D_m cai exponencialmente em materiais viscoelásticos, e, se as forças viscosas forem desconsideras, a queda tem a seguinte forma:

$$\frac{D_m(t)}{D_0} = \left[\frac{(\eta_0 - \eta_s)D_0}{2\lambda\sigma}\right]\exp[-t/3\lambda] \tag{9.35}$$

Onde η_0 e η_s são, respectivamente, as viscosidades da solução e do solvente. Portanto, $\eta_0 - \eta_s$ é a contribuição polimérica para a viscosidade da solução. Ainda, D_0 é o diâmetro das placas; σ e λ são, respectivamente, a tensão superficial e o tempo de relaxação da solução.

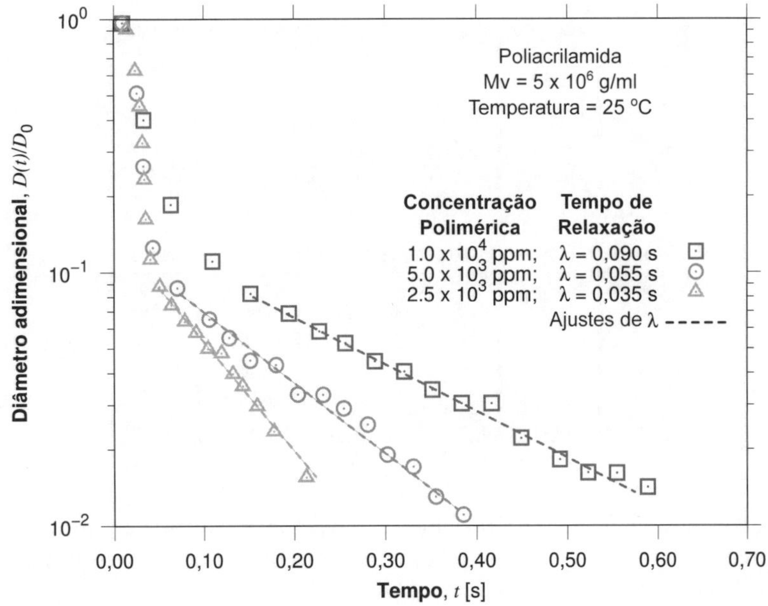

Figura 9.25 Variação do diâmetro de soluções de poliacrilamida em água no ponto equidistante entre as placas com o tempo. Fonte: elaboração própria (baseada em dados de Pereira, Andrade e Soares (2013)).

A Fig. 9.25 (dados extraídos da Fig. 6 A de Pereira, Andrade e Soares (2013)) mostra a variação do diâmetro do filamento de soluções concentradas de poliacrilamida com o tempo. Os autores usaram um reômetro extensional comercial (CaBER, da Thermo Scientific). Desconsiderando os instantes iniciais, menores que 0,07 s, os dados são bem ajustados pela Eq. (9.35). Em princípio, por meio desses ajustes, pode-se inferir o tempo de relaxação de soluções viscoelásticas. Vê-se que λ aumenta com a concentração polimérica. A mesma tendência é observada em Anna e McKinley (2001), Yesilata, Clasean e McKinley (2006).

A Fig. 9.26 (construída com base na Fig. 3 de Anna e McKinley (2001)) mostra uma sequência de fotos de filamentos de um fluido newtoniano (a) e um fluido viscoelástico com a mesma viscosidade (b) (fluido de Boger). O fluido newtoniano é uma solução de estireno, enquanto o fluido de Boger é uma solução de 0,05% de poliestireno em estireno. Note que o filamento newtoniano se rompe em apenas 10,5 s, enquanto o viscoelástico persiste por mais de 42 s. Como já esperado, de acordo com os resultados da Fig. 9.25, o tempo de quebra do filamento aumenta à medida que a solução se torna mais elástica.

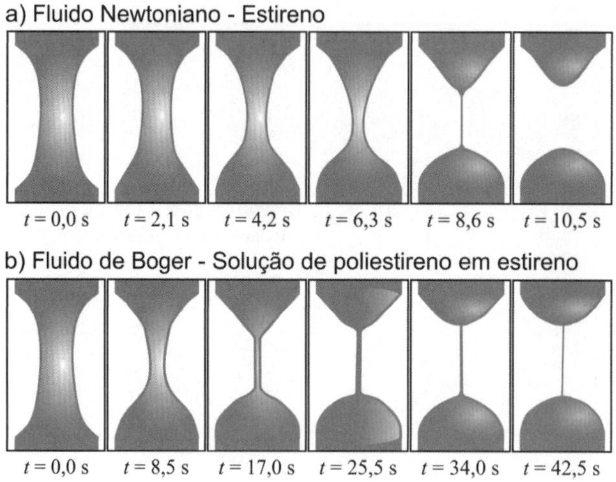

Figura 9.26 Sequência de filamentos. (a) Um fluido newtoniano (estireno); (b) fluido de Boger (solução de 0.05% de poliestireno em estireno). Fonte: elaboração própria (esquema construído com base em resultados de Anna e McKinley (2001)).

Sabendo como o diâmetro do filamento varia com o tempo, pode-se, a partir da Eq. (9.34), calcular a taxa de deformação extensional do filamento:

$$\dot{\epsilon} = -2\frac{d\ln(D_m/D_0)}{dt} \tag{9.36}$$

Anna e McKinley (2001) definem, então, uma viscosidade extensional aparente como:

$$\eta_E{}^{ap} = \frac{\Delta\tau_p(t)}{\dot{\epsilon}} + 3\eta \tag{9.37}$$

Em que $\Delta\tau_p(t) = 2\sigma/D_m(t)$ é a contribuição polimérica à diferença de tensões normais $\tau_{zz} - \tau_{rr}$. Usa-se o termo aparente, pois essa viscosidade extensional é aproximada, uma vez que o escoamento não é totalmente livre de cisalhamento. Note que, se o fluido for newtoniano ou apenas puramente viscoso, o termo $\Delta\tau_p(t) = 0$ e $\eta_E{}^{ap} = 3\eta$, como ressaltado anteriormente. Por fim, chega-se à expressão para a viscosidade extensional aparente em função do diâmetro do filamento e da tensão superficial σ,

$$\eta_E{}^{ap} = \frac{-\sigma}{dD_m/dt}. \tag{9.38}$$

Existem outras técnicas para se inferir a viscosidade extensional, mas, na verdade, esse é um dos grandes desafios em reometria.

EXERCÍCIOS PROPOSTOS

9.1 Prove que, para o caso de um fluido newtoniano, a viscosidade extensional é três vezes a viscosidade cisalhante $\eta_E = 3\eta$.

9.2 Prove que o campo de velocidades do escoamento livre de cisalhamento (Eq. (9.31)) satisfaz a continuidade.

Referências

ANDRADE, D. E. V. *Influência do histórico térmico na morfologia dos cristais de parafina e nas propriedades mecânicas de óleos parafínicos a baixas temperaturas.* Tese (Doutorado) – Universidade Tecnológica Federal do Paraná, 2016.

ANDRADE, R. M.; PEREIRA, A. S.; SOARES, E. . J. Drag increase at the very start of drag reducing flows in a rotating cylindrical double gap device. *J. non-Newt. Fluid Mech.*, v. 212, p. 73–79, 2014.

ANNA, S. L.; MCKINLEY, G. H. Elasto-capillary thinning and breakup of model elastic liquids. *J. Rheology*, v. 45, p. 115–138, 2001.

BALMFORTH, N. J.; FRIGAARD, I. A.; OVARLEZ, G. Yielding to stress: recent developments in viscoplastic fluid mechanics. *Annu. Rev. Fluid Mech*, v. 46, n. 1, p. 121–146, 2014.

BARNES, H. A. A review of the slip (wall depletk)n) of polymer solutions, emulsions and particle suspensions in viscometers: its cause, character, and cure. *J. non-Newt. Fluid Mech.*, v. 56, p. 221–251, 1995.

BARNES, H. A. Thixotropy-a review. *J. non-Newt. Fluid Mech.*, v. 70, p. 1–33, 1997.

BARNES, H. A.; HUTTON, J. F.; WALTERS, K. *An introduction to rheology.* [S.l.]: Elsevier, 1989. v. 3.

BARNES, H. A.; WALTERS, K. The yield stress myth? *Rheol. Acta*, v. 24, p. 323–326, 1985.

BATCHELOR, G. K. *An introduction to fluid dynamics.* 2000. ed. [S.l.]: Cambridge Mathematical Library, 2000. v. 1.

BAUER, W. H.; COLLINS, E. A. *Rheology: Theory and Applications.* [S.l.]: Academic Press, 1967. v. 4.

BAUTISTA, F. et al. Understanding thixotropic and antithixotropic behavior of viscoelastic micellar solutions and liquid crystalline dispersions. i. the model. *J. non-Newt. Fluid Mech.*, v. 80, p. 93–113, 1999.

BINGHAM, E. *Fluidity and plasticity.* [S.l.]: McGraw-Hill, 1922.

BIRD, R. B.; ARMSTRONG, R. C.; HASSAGER, O. *Dynamics of polymeric liquids.* [S.l.]: John Wiley and Sons, Inc., 1987. v. 1.

BIRD, R. B. et al. *Dynamics of polymeric liquids, volume 2: Kinetic theory.* [S.l.]: Wiley, 1987.

BOGER, D. V.; WALTERS, K. *Rheological phenomena in focus.* [S.l.]: Elsevier, 1993.

BONN, D. et al. Yield stress materials in soft condensed matter. *Rev. Mod. Phys.*, v. 89, 2017.

BOUSFIELD, D. W. et al. "nonlinear analysis of the surface-tension driven breakup of viscoelastic fluid filaments. *J. non-Newt. Fluid Mech.*, v. 21, p. 79–97, 1986.

CALIMAN, H. M.; SOARES, E. J.; THOMPSON, R. L. An experimental investigation on the newtonian–newtonian and viscoplastic–newtonian displacement in a capillary tube. *J. non-Newt. Fluid Mech.*, v. 247, p. 207–220, 2017.

CARNALI, J.; BARNES, H. A. The vane-in-cup as a novel rheometer geometry for shear thinning and thixotropic materials. *J. Rheology*, v. 34, n. 6, p. 841, 1990.

CARREAU, P. J. *Rheological equations from molecular network theories.* Tese (Doutorado) — University of Visconsin, Madison, 1968.

CHAN, T. W.; PAN, B.; YUAN, H. An experimental study of exit pressures for polymer melts. *Rheol. Acta*, v. 29, p. 60, 1990.

COELHO, I. et al. Rheological characterization and formation protocol of tetrahydrofuran hydrate slurries. *Energy & Fuels*, ACS Publications, v. 36, n. 15, p. 8538–8551, 2022.

COSTALONGA, M. L.; LOUREIRO, B. V.; SOARES, E. . J. Drag reducing flows by polymer solutions in annular spaces. *J. Fluid Engineering*, v. 140, p. 051101, 2018.

COUSSOT, P. et al. Understanding thixotropic and antithixotropic behavior of viscoelastic micellar solutions and liquid crystalline dispersions. i. the model. *J. non-Newt. Fluid Mech.*, v. 80, p. 93–113, 1999.

CRIMINALE, W. O.; ERICKSEN, J.; FILBEY, G. Steady shear flow of non-newtonian fluids. *Archive for rational mechanics and analysis*, Springer, v. 1, p. 410–417, 1957.

DALLA, L. F.; SOARES, E. . J.; SIQUEIRA, R. N. Start up of viscoplastic fluids in tubes. *J. non-Newt. Fluid Mech.*, under consideration, 2018.

DALLA, L. F. R. *Análise experimental da tensão mínima para escoamento de materiais viscoplásticos em tubos: Carbopol e óleo parafínico gelificado.* Dissertação (Mestrado) — Universidade Federal do Espírito Santo, 2018.

DEALY, J. M.; PETERSEN, J. F.; TEE, T. T. A concentric-cylinder rheometer for polymer melts. *Rheol Acta*, v. 12, p. 550–558, 1973.

DIMAKOPOULOS, Y.; PAVLIDIS, M.; TSAMOPOULOS, J. Steady bubble rise in herschel–bulkley fluids and comparison of predictions via the augmented lagrangian method with those via the papanastasiou model. *Journal of Non-Newtonian Fluid Mechanics*, Elsevier, v. 200, p. 34–51, 2013.

DUBASH, N.; FRIGAARD, I. Propagation and stopping of air bubbles in carbopol solutions. *Journal of non-newtonian fluid mechanics*, Elsevier, v. 142, n. 1-3, p. 123–134, 2007.

DULLAERT, K.; MEWIS, J. A structural kinetics model for thixotropy. *J. non-Newt. Fluid Mech.*, v. 139, p. 21–30, 2006.

DZUY, N. Q.; BOGERS, D. V. Yield stress measurement for concentrated suspensions. *J. Rheology*, v. 27, p. 321, 1983.

ELLWOOD, K. R. J. et al. Laminar jets of bingham-plastic liquids. *J. Rheol.*, v. 34, p. 787–812, 1990.

ENTOV, V. M.; HINCH, E. J. Effect of a spectrum of relaxation times on the capillary thinning of a filament of elastic liquid,. *J. non-Newt. Fluid Mech.*, v. 72, p. 31–53, 1997.

FERRARI, W. *Análise reológica de hidrato de ciclopentano.* Dissertação (Mestrado) – Universidade Federal do Espírito Santo, Novembro 2022.

FOX, R. W.; MCDONALD, A. T.; PRITCHARD, P. J. *Introduction to fluid mechanics.* 9th. ed. [S.l.]: John Wiley and Sons, Inc., 2004.

FREITAS, J. F.; SOARES, E. . J.; THOMPSON, R. L. Immiscible newtonian displacement by a viscoplastic material in a capillary plane channel. *Rheol Acta*, v. 50, p. 403–422, 2011.

FREITAS, J. F.; SOARES, E. J.; THOPSON, R. L. Viscoplastic-viscoplastic displacement in a plane channel with interfacial tension effects. *Chemical Engineering Science*, v. 91, p. 54–64, 2013.

FREY, S. L. et al. Performance of an elasto-viscoplastic model in some benchmark problems. *Mechanics of Time-Dependent Materials*, Springer, v. 19, n. 3, p. 419–438, 2015.

GIACOMIN, A. J.; DEALY, J. M. Large-amplitude oscillatory shear. *Techniques In Rheological Measurement*, p. 99–121, 1993.

GREGORY, T.; MAYERS, S. A note on slippage during the study of the rheological behavior of paste inks. *Surface Coating Int.*, v. 76, p. 82, 1993.

HERMANY, L. et al. Flow of yield-stress liquids through an axisymmetric abrupt expansion-contraction. *Journal of Non-Newtonian Fluid Mechanics*, Elsevier, v. 201, p. 1–9, 2013.

HOU, L. Experimental study on yield behavior of daqing crude oil. *Rheol Acta*, v. 51, p. 603–607, 2012.

HOUSKA, M. *Engineering Aspects of the Rheology of Thixotrpic Liquids*. Tese (Doutorado) – Czech Techinical University, Prague, 1981.

HUIGOL, R. R.; YOU, Z. Application of the augmented lagrangian method to steady pipe flows of bingham, casson and herschel–bulkley fluids. *J. non-Newt. Fluid Mech.*, v. 128, n. 2-3, p. 126–143, 2005.

IONESCU, I. R. et al. Viscoplastic modeling of granular column collapse with pressure-dependent rheology. *J. non-Newt. Fluid Mech.*, v. 219, p. 1–18, 2015.

JEFFREYS, H. *The Earth*. [S.l.]: Cambridge University Press, 1929.

JR, O. C. J.; LEUNG, J. C. M. An improvement in the calculation of turbulent friction in smooth concentric annuli. *ASME-J. Fluids Eng.*, v. 103, p. 615, 1981.

KEUNINGS, R. On the high weissenberg number problem. *J. non-Newt. Fluid Mech.*, v. 20, p. 209–226, 1986.

KFURI, S. L. D. et al. Friction losses for power-law and viscoplastic materials in an entrance of a tube and an abrupt contraction. *J. Petrol. Sci. Engng.*, v. 76, p. 224–235, 2011.

KFURI, S. L. D. et al. Friction coefficients for bingham and power-law fluids in abrupt contractions and expansions. *J. Fluid Engineering*, v. 139, p. 021203, 2016.

KFURI, S. L. D. et al. Friction coefficients for bingham and power-law fluids in abrupt contractions and expansions. *ASME-J. Fluids Eng.*, v. 139, p. 021203–7, 2017.

KINCAID, J. F.; EYRING, H.; STEAN, A. E. The theory of absolute reaction rates and its application to viscosity and diffusion in the liquid state. *Chem. Rev.*, v. 28, p. 301–365, 1941.

LAI, W. M. et al. *Introduction to continuum mechanics*. [S.l.]: Butterworth-Heinemann, 2009.

LAUN, H. Description of the non-linear shear behaviour of a low density polyethylene melt by means of an experimentally determined strain dependent memory function. *Rheologica Acta*, Springer, v. 17, n. 1, p. 1–15, 1978.

LEITE, R. T.; MENDES, P. R. de S.; THOMPSON, R. L. A simple method to analyze materials under quasilinear large amplitude oscillatory shear flow (ql-laos). *J. Rheology*, v. 63, n. 2, p. 305–317, 2019.

LIU, Y.; BALMFORTH, N. J.; HORMOZI, S. Axisymmetric viscoplastic dambreaks and the slump test. *J. non-Newt. Fluid Mech.*, 2018.

LOPEZ, W. F.; NACCACHE, M. F.; MENDES, P. R. de S. Rising bubbles in yield stress materials. *Journal of Rheology*, The Society of Rheology, v. 62, n. 1, p. 209–219, 2018.

MACOSKO, C. W. *Rheology: principles, measurements, and applications*. [S.l.]: Wiley-VCH, 1994.

MARCHESINI, F. H. et al. Rheological characterization of waxy crude oils: Sample preparation. *Energy & Fuels*, v. 26, p. 1038–1048, 2012.

MARRUCCI, G.; ASTARITA, G. Significance of the deborah number in steady flows. *Maccanica*, p. 141–143, 1967.

MENDES, P. R. de S. Modeling the thixotropic behavior of structured fluids. *J. non-Newt. Fluid Mech.*, v. 164, p. 66–75, 2009.

MENDES, P. R. de S. Thixotropic elasto-viscoplastic model for structured fluids. *Soft Matter*, v. 7, p. 2471–2483, 2011.

MENDES, P. R. de S.; ABEDI, B.; THOMPSON, R. L. Constructing a thixotropy model from rheological experiments. *Journal of Non-Newtonian Fluid Mechanics*, Elsevier, v. 261, p. 1–8, 2018.

MENDES, P. R. de S.; ALICKE, A. A.; THOMPSON, R. L. Parallel-plate geometry correction for transient rheometric experiments. *Appl. Rheol.*, v. 24, 2014.

MENDES, P. R. de S.; DUTRA, E. S. Viscosity function for yield stress fluids. *Appl. Rheol.*, v. 525, p. 1–26, 2004.

MENDES, P. R. de S. et al. Flow of viscoplastic liquids through axisymmetric expansions-contractions. *J. non-Newt. Fluid Mech.*, v. 142, p. 207–217, 2007.

MENDES, P. R. de S.; THOMPSON, R. L. A critical overview of elasto-viscoplastic thixotropic modeling. *J. non-Newt. Fluid Mech.*, v. 187-188, p. 8–15, 2012.

MENDES, P. R. de S.; THOMPSON, R. L. A unified approach to model elasto-viscoplastic thixotropic yield-stress materials and apparent yield-stress fluids. *Rheol. Acta*, v. 52, p. 673–694, 2013.

MENDES, P. R. de S.; THOMPSON, R. L. Time-dependent yield stress materials. *Current Opinion in Colloid & Interface Science*, Elsevier, v. 43, p. 15–25, 2019.

MOYERS-GONZALEZ, M. A.; FRIGAARD, I. A. Numerical solution of duct flows of multiple visco-plastic fluids. *J. non-Newt. Fluid Mech.*, v. 122, n. 1-3, p. 227–241, 2004.

MUJUMDAR, A.; BERIS, A. N.; METZNER, A. B. Transient phenomena in thixotropic systems. *Journal of Non-Newtonian Fluid Mechanics*, Elsevier, v. 102, n. 2, p. 157–178, 2002.

MUNJUMDAR, A.; BERIS, A. N.; METZNER, A. B. Transient phenomena in thixotropic systems. *J. non-Newt. Fluid Mech.*, v. 102, p. 157–178, 2002.

NOUAR, C. et al. Numerical analysis of the thermal convection for herschel–bulkley fluids. *In. J. Heat Fluid Flow*, v. 16, p. 223–232, 1995.

OISHI, C. M.; THOMPSON, R. L.; MARTINS, F. P. Normal and oblique drop impact of yield stress fluids with thixotropic effects. *Journal of Fluid Mechanics*, Cambridge University Press, v. 876, p. 642–679, 2019.

OLDROYD, J. G. A rational formulation of the equations of plastic flow for a bingham solid. *Proc. Cambridge Philos. Soc.*, v. 43, p. 100–105, 1947.

OLDROYD, J. G. On the formulation of rheological equations of state. In: *Proc. Roy. Soc.* [S.l.: s.n.], 1950. A200, p. 523–541.

OLIVEIRA, F. D. et al. Viscous liquid recovery by injection of newtonian and viscoelastic materials in a sand porous media. *Journal of the Brazilian Society of Mechanical Science and Engineering*, under review, 2023.

OSTWALD, W. Ueber die geschwindigkeitsfunktion der viskosität disperser systeme. i. *Koloid-Z*, v. 36, p. 99–117, 1925.

PAPANASTASIOU, T. C. Flow of materials with yield. *J. Rheology*, v. 31, p. 385–404, 1987.

PEREIRA, A. S.; ANDRADE, R. M.; SOARES, E. J. Drag reduction induced by flexible and rigid molecules in a turbulent flow into a rotating cylindrical double gap device: Comparison between poly (ethylene oxide), polyacrylamide, and xanthan gum. *Journal of Non-Newtonian Fluid Mechanics*, v. 202, p. 72–87, 2013.

PHAN-THIEN, N.; MAI-DUY, N. *Understanding viscoelasticity: an introduction to rheology*. [S.l.]: Springer, 2013.

PIPE, C. J.; MAJMUDAR, T. S.; MCKINLEY, G. H. High shear rate viscometry. *Rheol Acta*, v. 47, p. 621–642, 2008.

POOLE, R. J. The deborah and weissenberg numbers. *Rheology Bulletin*, The British Society of Rheology, v. 53, 2012.

POURZAHEDI, A.; ZARE, M.; FRIGAARD, I. Eliminating injection and memory effects in bubble rise experiments within yield stress fluids. *Journal of Non-Newtonian Fluid Mechanics*, Elsevier, v. 292, p. 104531, 2021.

POWELL, R. E.; EYRING, H. Mechanisms for the relaxation theory of viscosit. *Nature*, v. 154, p. 427–428., 1944.

QUEMADA, D. Rheological modelling of complex fluids: Iv: Thixotropic and "thixoelastic" behaviour. start-up and stress relaxation, creep tests and hysteresis cycles. *Eur. Phys. J. AP 5*, p. 191–207, 1999.

RAJAGOPAL, K. R.; SRINIVASA, A. R. A thermodynamic frame work for rate type fluid models. *Journal of Non-Newtonian Fluid Mechanics*, Elsevier, v. 88, n. 3, p. 207–227, 2000.

RAMOS, G. G.; SOARES, E. . J.; THOMPSON, R. L. The yied zone concept and its application on 4:1 abrupt contraction for an apparent-yeild-stress fluid. *Latin American Applied Research*, v. 43, p. 363–367, 2013.

REE, F. H.; REE, T.; EYRING, H. Relaxation theory of transport problems in condensed systems. *Ind. Eng Chem.*, v. 50, p. 1036–1040, 1958.

REINER, M. *Deformation, Strain, and Flow*. New York: Interscience, 1960.

REINER, M. The deborah number. *Physics Today*, v. 17, n. 1, p. 62, 1964.

REYNOLDS, O. An experimental investigation of the circumstances which deter- mine whether the motion of water shall be direct or sinuous, and of the law of resistance in parallel channels. *Philosophical Transactions of the Royal Society of London.*, v. 174, p. 935–982, 1883.

RIVLIN, R. Further remarks on the stress-deformation relations for isotropic materials. *Indiana Univ. Math. J.*, v. 4, p. 681–702, 1955. ISSN 0022-2518.

SANTOS, D. D. dos et al. Flow of elasto-viscoplastic liquids through a planar expansion-contraction. *Rheol Acta*, v. 53, p. 31–41, 2014.

SARAMITO, P. A new constitutive equation for elastoviscoplastic fluid flows. *Journal of Non-Newtonian Fluid Mechanics*, Elsevier, v. 145, n. 1, p. 1–14, 2007.

SARAMITO, P. A new elastoviscoplastic model based on the herschel–bulkley viscoplastic model. *Journal of Non-Newtonian Fluid Mechanics*, Elsevier, v. 158, n. 1-3, p. 154–161, 2009.

SARAMITO, P. A damped newton algorithm for computing viscoplastic fluid flows. *J. non-Newt. Fluid Mech.*, v. 238, p. 6–15, 2016.

SARAMITO, P.; WACHS, A. Progress in numerical simulation of yield stress fluid flows. *Rheol. Acta*, v. 56, p. 211–230, 2017.

SILVA, J. Q. da et al. Heat transfer to herschel–bulkley materials flowing in the entrance of tubes with an imposed wall temperature profile. *J. Braz. Soc. Mech. Sci. Eng.*, v. 36, p. 245–255, 2014.

SLATTERY, J. C. Dimensional considerations in viscoelastic flows. *AICHE J.*, v. 14, p. 516–518, 1968.

SOARES, E.; CARVALHO, M.; MENDES, P. de S. Immiscible liquid-liquid displacement in capillary tubes. *J. Fluids Eng.*, v. 127, p. 24–31, 2005.

SOARES, E. J.; NACCACHE, M. F.; MENDES, P. R. S. Heat transfer to viscoplastic materials flowing axially through concentric annuli. *International Journal of Heat and Fluid Flow*, v. 24, p. 762–773, 2003.

SOARES, E. J.; THOMPSON, R. L. Flow regimes for the immiscible liquid-liquid displacement in capillary tubes with complete wetting of the displaced liquid. *J. Fluid Mech.*, v. 641, p. 63–84, 2009.

SOARES, E. J.; THOMPSON, R. L.; MACHADO, A. Measuring the yielding of waxy crude oils considering its time-dependency and apparent-yield-stress nature. *Appl. Rheol.*, v. 23, p. 62798-1–62798-11, 2013.

SOARES, E. J.; THOMPSON, R. L.; NIERO, D. C. Immiscible liquid–liquid pressure-driven flow in capillary tubes: Experimental results and numerical comparison. *Phys. Fluids*, v. 27, n. 082105, p. 1–13, 2015.

SOARES, M.; NACCACHE, M. F.; MENDES, P. R. de S. Heat transfer to viscoplastic liquids flowing laminarly in the entrance region of tubes. *In. J. Heat Fluid Flow*, v. 20, p. 60–67, 1999.

SOUSA, D. et al. Numerical investigation on gas-displacement of a shear-thinning liquid and a visco-plastic material in capillary tubes. *J. Non-Newt. Fluid Mech.*, v. 144, p. 149–159, 2007.

SUTTERBY, J. L. Laminar converging flow of dilute polymer solutions in conical sections. ii. *Trans. Soc. Rheol.*, v. 9, p. 227–241, 1965.

SUTTERBY, J. L. Sutterby, j.l. laminar converging flow of dilute polymer solutions in conical sections: Part i. *AICHE J.*, v. 12, p. 63–68, 1966.

SUZUKI, Y.; KASAGI, N. Evaluation of hot-wire measurements in wall shear turbulence using a direct numerical simulation database. *Experimental Thermal and Fluid Science*, v. 5, p. 69–77, 1992.

TANNER, R. I.; WALTERS, K. *Rheology: an histirical perspective*. 1. ed. [S.l.]: Elsevier Science, 1998. v. 7. (Rheology Series, v. 7).

TARCHA, B. et al. Critical quantities on the yielding process of waxy crude oils. *Rheologica Acta*, v. 54, n. 6, p. 479–499, 2015. ISSN 0035-4511.

TAYLOR, G. Deposition of a viscous fluid on the wall of a tube. *J. Fluid Mech.*, v. 10, p. 161–165, 1961.

TAYLOR, G. I. Stability of a viscous liquid contained between two rotating cylinders. *Philosophical Transactions of the Royal Society of London.*, v. 223, n. A, p. 289–343, 1923.

THOMPSON, R. L.; ALICKE, A. A.; MENDES, P. R. de S. Model-based material functions for saos and laos analyses. *Journal of Non-Newtonian Fluid Mechanics*, v. 215, p. 19–30, 2015.

THOMPSON, R. L.; SOARES, E. J. Viscoplastic dimensionless numbers. *J. non-Newt. Fluid Mech.*, v. 238, p. 57–64, 2016.

VARGAS, G. G. *Análise da tensão limite de escoamento em emulsões a/o de petróleo parafínico*. Dissertação (Mestrado) — Universidade Federal do Espírito Santo, 2017.

VARGAS, G. G. et al. Emulsion effects on the yield stress of gelled waxy crude oils. *Fuel*, v. 222, p. 444–456, 2018.

VIGALÓ, G. C. *Estudo do comportamento transiente de soluções de Carbopol por meio de testes oscilatórios e de tensão imposta em função degrau*. Dissertação (Mestrado) — Universidade Federal do Espírito Santo, 2019.

VUKOSLAVCEVIC, P. V.; WALLACE, J. M. Using direct numerical simulation to analyze and improve hot-wire probe sensor and array configurations for simultaneous measurement of the velocity vector and the velocity gradient tenso. *Phys. Fluids*, v. 25, n. 11, p. 110820, 2013.

WAELE, A. de. Viscometry and plastometry. *Oil Color Chem. Assoc. J.*, v. 6, p. 33–88, 1923.

WARDHAUGH, L. T.; BOGER, D. V. The measurement and description of the yielding behavior of waxy crude oil. *J. Rheol.*, v. 35, p. 8123–8133, 1991.

YASUDA, K. *Investigation of the analogies between viscometric and linear viscoelastic properties of polystyrene fluids.* Tese (Doutorado) – Massachusetts Institute of Technology, Cambridge, 1979.

YESILATA, B.; CLASEAN, C.; MCKINLEY, G. H. Nonlinear shear and extensional flow dynamics of wormlike surfactant solutions. *J. non-Newt. Fluid Mech.*, v. 133, p. 73–90, 2006.

Sobre os autores

EDSON JOSÉ SOARES

É formado em Engenharia Mecânica pela Universidade Federal do Espírito Santo em 1996. Ele concluiu o mestrado em Engenharia Mecânica em 1999 e o doutorado em 2002 na Pontifícia Universidade Católica do Rio de Janeiro. Em 2011 e 2012 o prof. Soares foi professor visitante em L'Ecole Polytechnique de Lille, França, e em 2018 foi pesquisador convidado no IFP Energie Nouvelles, França. Atualmente, é professor do Departamento de Engenharia Mecânica da Universidade Federal do Espírito Santo (UFES), cargo que ocupa desde 2005, lecionando diversas disciplinas com destaque para Mecânica dos Fluidos não Newtonianos. O Prof. Soares já orientou diversas monografias, dissertações e teses envolvendo escoamento de materiais complexos e turbulência, boa parte delas desenvolvida no Laboratório de Reologia da UFES (LabReo), que coordena desde 2008.

LUCAS HENRIQUE PAGOTO DEOCLECIO

É formado em Engenharia Mecânica pelo Instituto Federal do Espírito Santo em 2016, com graduação sanduíche na University of Toronto, Canadá, em 2014. Ele concluiu o mestrado em energia pela Universidade Federal do Espírito Santo em 2018 e doutorado pela mesma universidade em 2023, sendo parte da tese desenvolvida na Sorbonne Université, França, em 2021. Deoclecio é professor do Instituto Federal do Espírito Santo desde 2017 e leciona nos cursos de Engenharia Mecânica e Técnico em Mecânica na área de Fenômenos de Transporte. O prof. Deoclecio atua principalmente em testes de equações constitutivas em escoamentos de materiais complexos e modelagem numérica em dinâmica interfacial.

GRÁFICA PAYM
Tel. [11] 4392-3344
paym@graficapaym.com.br